SHUILI YINGZHI YINGHUI 1000WEN

水利应知应会1000问

运城市水务局　编

黄河水利出版社
·郑州·

图书在版编目(CIP)数据

水利应知应会1000问/运城市水务局编.—郑州:黄河水利出版社,2023.7

ISBN 978-7-5509-3616-4

Ⅰ.①水…　Ⅱ.①运…　Ⅲ.①水利工程-问题解答　Ⅳ.①TV-44

中国国家版本馆CIP数据核字(2023)第127925号

组稿编辑:王路平　电话:0371-66022212　E-mail:hhslwlp@126.com
　　　　田丽萍　　　　66025553　　　　912810592@qq.com

责任编辑:景泽龙　责任校对:兰文峡　封面设计:黄瑞宁　责任监制:常红昕

出版发行:黄河水利出版社

地址:河南省郑州市顺河路49号　邮政编码:450003

网址:www.yrcp.com　E-mail:hhslcbs@126.com

发行部电话:0371-66020550

承印单位:河南承创印务有限公司

开　本:890 mm × 1 240 mm　1/32

印　张:7.75

字　数:220千字

版次印次:2023年7月第1版　2023年7月第1次印刷

定　价:70.00元

《水利应知应会 1000 问》

编委会

序

做好治水兴水大文章，是山西省委、运城市委结合党的二十大精神对水利部门寄予的厚望，更是中国式现代化运城实践的现实要求，在运城市建设黄河流域生态保护和高质量发展示范区的关键机遇期，人民群众对水利工作的期盼逐渐提高，迫切需要我们水利人靠前站位，担负使命，主动作为。

运城是农业大市，但水资源比较匮乏，目前市域内可用水资源不及全国人均占有量的1/7，不及全省人均占有量的1/2。用好用足来之不易的有限水资源，就要充分发挥水利专业人才的无限创造力，接续几代水利人又红又专的技术传承，不断提升干部职工的政治素养和业务能力。

由于种种原因，市、县两级水利系统面临人才断档、青黄不接的窘境。为水利事业做出贡献的老一代水利人相继离岗，新生代水利人尚在事业成长期，独当一面支撑发展大局的能力还有待淬炼，在老、中、青三代搭建专业和实践桥梁，水利人才体系提档升级仍任重道远。

治水兴水，人才为本。运城市水务局新一届党组成立以来，把水利人才队伍建设列入重要议事日程，提出了人才兴水发展思路，完善了人才培育工作机制。从成立水利专家委员会到创办水务大讲堂，从开展"五明确两对标"活动到推行月清季结年对标台账式一线工作法，激发了干部职工的学习积极性，初步形成了"人人渴望成才，人人努力成才"的良好氛围。

在学习和工作中，干部职工对编纂一本"手边用起来方便、答疑解惑看得懂、简明实用的水利知识入门读物"的愿望十分迫切。为此，运城市水务局党组决定，以专家办总牵头，组织相关人员，历时一年，几易其稿，编辑出版了《水利应知应会1000问》。

本书编纂组成员都是水利专业技术人员和管理工作者，其知识结构、专业认知、经验积累来自于多年水利一线的丰富历练。在选题的广度上力求涵盖水利行业各专业，在答案的深度上力求通俗易懂、简洁实用，在应知应会的专业应用上力求理论与实践相结合，使本书具有很强的指导作用，这是本书的一个鲜明特色。

全书内容共分水利基础知识、水利工程管理、水法律法规、智慧水务与水利新技术四个部分，共十四章。第一至第八章为水利基础知识，回答水利专业“什么是、是什么”的问题；第九至第十二章为水利工程管理，解答建管监管“管什么、怎么管”的问题；第十三章为水法律法规，诠释不同层级法规的从属关系和适用范围“能不能、对不对”的问题；第十四章为智慧水务与水利新技术，从行业发展的方向和趋势回答“怎样更好、更快、更高质量”的发展问题。

编书不是为了树碑立传，而是倡导一种尊重知识、尊重专业技术、尊重管理经验的行业风气，做好技术传承，少走弯路，提高管理工作效能。由此，本书将成为水利入门人员的敲门砖、引路石，帮助水利行业初入职人员，尽快走进水利、了解水利、服务水利。同时，也是各大专院校水利专业学生工学衔接的必读书、实践书，也可以推荐作为水利从业人员的培训教材，另外对于有兴趣了解水利专业和管理知识的社会各界人员无疑是一部简明的参考词典。

“手种数畦花，时开一编书”。编纂组从问题征集，到答案解析，从全书结构到章目编排，始终秉持开放态度，征求各方意见，反复推敲斟酌，最终顺利成册。由于水平有限，本书难免有遗珠之憾，有待于在以后的工作实践中不断修订完善，使之更加专业、更加全面、更加实用，帮助干部职工学以致用，在水利事业发展中取得更大更好的成绩。

在此，对参与本书编纂的各位专家、学者及所有工作人员付出的辛勤劳动表示衷心的感谢！

让我们共同祝愿运城市水利专业人才大厦快建立、水利事业快发展，在山西省委、运城市委的坚强领导下，以习近平新时代中国特色社会主义思想为指引，全面践行新时期“十六字”治水思路，以坚定的信心、实干的行动，做好运城水文章，全方位提升运城市水务事业现代化水平，为运城经济社会高质量发展提供坚实的水支撑保障。

孙耀民

2023 年 5 月

目 录

水利工程管理

水法律法规

智慧水务与水利新技术

水利基础知识

第一章　水文水资源

一　水文

1.什么是水文?

答:水文指自然界中水的变化、运动等的各种现象。现在一般指研究地球上水的形成、循环、时空分布、化学和物理性质以及水与环境的相互关系,为人类防治水旱灾害,合理开发和有效利用水资源,不断改善人类生存和发展的环境条件,提供科学依据。

2.水文要素主要包括哪些?

答:水文要素是构成某一地点或区域在某一时间的水文情势的主要因素,它描述水文情势的主要物理量,包括各种水文变量和水文现象。降水、蒸发和径流是水文循环的基本要素,还有水位、流量、流速、水温、含沙量、冰凌和水质等要素。水文要素通常由水文站网通过水文测验加以测定。

3.什么是降水及降水量?

答:降水是指从大气中降落到地面的液态水和固态水。降水的特征常用降水量、降水历时、降水强度、降水笼罩面积、暴雨中心等要素进行描述。

降水量是一定时段内降落到某一点或某一面积上的总水量,用深度表示,单位为毫米(mm)。降水持续的时间称为降水历时,以分(min)、小时(h)或天(d)计。单位时间的降水量称为降水强度,以毫米/分(mm/min)或毫米/小时(mm/h)计。

4.降雨强度等级是如何划分的?

答:按降雨强度可分为小雨、中雨、大雨和暴雨。中国气象部门规定,24 h 降雨量 $H<10$ mm 的降雨为小雨,10 mm$\leqslant H<25$ mm 的为中雨,25 mm$\leqslant H<50$ mm 的为大雨,50 mm$\leqslant H<100$ mm 的为暴雨,100 mm$\leqslant$

$H<200$ mm 的为大暴雨,$H\geqslant200$ mm 的为特大暴雨。

5.什么是水位?

答:河流或者其他水体的自由水面离某一基面零点以上的高程,水位的单位为米(m)。

6.常见的特征水位有哪些?

答:(1)起涨水位。一次洪水过程中,涨水前最低的水位。

(2)洪峰水位。一次洪水过程中出现的最高水位值。同样按日、月、年进行统计,可以分别得到日、月、年最高水位。

(3)警戒水位。当水位继续上涨达到某一水位,防洪堤可能出现险情,此时防汛护堤人员应加强巡视,严加防守,随时准备投入抢险,这一水位即定为警戒水位。警戒水位主要根据地区的重要性、洪水特性、堤防标准及工程现状而确定。

(4)保证水位。按照防洪堤防设计标准,应保证在此水位时堤防不溃决。有时也把历史最高水位定为保证水位。当水位达到或接近保证水位时,防汛进入紧急状态,防汛部门要按照紧急防汛期的权限,采取各种必要措施,确保堤防等工程的安全,并按照"有限保证、无限负责"的原则,对于可能出现超过保证水位的工程抢护和人员安全做好积极准备。

7.什么是径流?什么是年径流量?

答:径流是指在水文循环过程中,沿流域的不同路径向河流、湖泊、沼泽和海洋汇集的水流。在一定时间内通过河流某一过水断面的水量称为径流量。

一个年度内在河槽里流动的水量叫作年径流量。年径流可以用年径流总量 $W(\mathrm{m}^3)$、年平均流量 $Q(\mathrm{m}^3/\mathrm{s})$、年径流深 $R(\mathrm{mm})$、年径流模数 $M[\mathrm{mm}/(\mathrm{s}\cdot\mathrm{km}^2)]$等表示。

8.什么是蒸发?按蒸发面分为哪几类蒸发?

答:蒸发是指液态水转化为气态水,逸入大气的过程。自然界凡有水的地方,几乎都存在着蒸发过程。由于蒸发面的不同而有各种蒸发,蒸发面为水面的为水面蒸发,裸土里的水分蒸发为土壤蒸发,通过植物茎叶而产生的水分耗散为植物散发。考虑流域蒸发时,因其由水面、裸土和植物等组成,而统称为流域总蒸发。

9.什么是输沙率?根据泥沙运动特性可将泥沙分为哪几类?

答:输沙率是指单位时间内通过河流某一断面的泥沙数量。

根据其运动情况,可将泥沙分为推移质、跃移质和悬移质。由于跃移质是推移质和悬移质间的过渡情况,因此有时将其合并在推移质中而分为两种。

悬移质:受水流的紊动作用悬浮于水中并随水流移动的泥沙。

推移质:受水流拖曳力作用沿河床滚动、滑动、跳跃或层移的泥沙。

10.什么是水系?

答:水系是由河流的干流和各级支流、流域内的湖泊、沼泽或地下暗河形成彼此连接的一个系统。

11.什么是流域?

答:流域是地表水和地下水的分水线所包围的集水区域或汇水区,习惯上是指地表水的集水区域。

12.河流、流域几何特征有哪些?

答:河流、流域几何特征包括河长、河流比降、分段、河流断面、河网密度、流域面积、流域形状、分水线、长度、平均高程、平均宽度、平均坡度等。

(1)河长:自河源沿河道至河口的长度。

(2)河道比降:沿水流方向,单位水平距离河床高程差。

(3)河流分段:每条河流一般可分为河源、上游、中游、下游、河口等5个分段。①河源:河流开始的地方,可以是溪涧、泉水、冰川、沼泽或湖泊等。②上游:直接连着河源,在河流的上段,它的特点是落差大,水流急,下切力强,河谷狭,流量小,河床中经常出现急滩和瀑布。③中游:一般特点是河道比降变缓,河床比较稳定,下切力量减弱而旁蚀力量增强,因此河槽逐渐拓宽和曲折,两岸有滩地出现。④下游:特点是河床宽,纵比降小,流速慢,河道中淤积作用较显著,浅滩随处可见,河曲发育。⑤河口:河流的终点,也是河流入海洋、湖泊或其他河流的入口,泥沙淤积比较严重。

(4)河流断面:河流的断面分为纵断面及横断面。①纵断面:沿河流中线（也有取沿程各横断面上的河床最低点）的剖面，测出中线以上（或河床最低点）地形变化转折的高程，以河长为横坐标，高程为纵坐标，即可绘出河流的纵断面图。纵断面图可以表示河流的纵坡及落差的沿程分布。②横断面：河槽中某处垂直于流向的断面称为在该处河流的横断面。它的下界为河底，上界为水面线，两侧为河槽边坡、两岸的堤防。

（5）流域面积：流域分水线与河口断面之间所包围的平面面积。

（6）流域分水线：分开相邻流域或河流地表集水的边界线。

（7）流域长度：流域长度是指流域的轴长，即以河口为中心作同心圆，在同心圆与流域分水线相交处绘出许多割线，各割线中点的连线即为流域长度。

（8）流域平均高程：流域内各相邻等高线间的面积乘以其相应平均高程的乘积之和与流域面积的比值。

其公式为

$$H_{cp}=\frac{f_1H_1+f_2H_2+\cdots+f_nH_n}{F}$$

式中：H_{cp}为流域平均高度，m；$f_1,f_2,\cdots,f_n$ 为相邻等高线间的面积，km^2；$H_1,H_2,\cdots,H_n$ 为相邻等高线高度的平均值，m；F 为流域面积，km^2。

13.什么是水文测站？

答：水文测站是在河流上或流域内设立的，按一定技术标准经常收集和提供水文要素的各种水文观测现场的总称。按目的和作用分为基本站、实验站、专用站和辅助站等。

基本站是为综合需要目的而统一规划设立的水文测站。

实验站是为深入研究某些专门问题而设立的一个或一组水文测站。

专用站是为特定目的而设立的水文测站。

辅助站是为帮助某些基本站正确控制水文情势变化而设立的一个或一组站点。

14.什么是大河控制站？

答：控制面积为 3 000～5 000 km^2 大河干流上的流量站为大河控制站。布设大河控制站的目的是为防汛抗旱、水环境保护、水资源调查

评价、开发和利用、水工程规划、设计和施工、科学研究及其他公共需要提供基本数据。

15.什么是小河站？

答：干旱区在300～500 km^2，湿润区在100～200 km^2 的小河上设立的流量站为小河站。布设小河站网的主要目的在于收集小面积暴雨洪水资料，探索产汇流参数在地区上和随下垫面变化的规律，以便无资料小流域移用。

16.什么是区域代表站？

答：大河控制站、小河站之外的天然河道上的流量站为区域代表站。布设区域代表站的目的在于控制流量特征值的空间分布，通过径流资料的移用技术提供分区内其他河流流量特征值或流量过程。

17.什么是水文站网？

答：水文站网是在一定地区、按一定原则，用适当数量的各类水文测站构成的水文资料收集系统。把收集某一项水文资料的水文测站组合在一起，则构成该项目的站网，如流量站网、水位站网、泥沙站网、雨量站网、水面蒸发站网、地下水监测站网等。通常提及的水文站网是流量站网、水位站网、雨量站网等项目站网的总称，也称为基本水文站网。

18.水文站网具有什么功能？

答：水文站网的功能是按照规定的精度标准和技术要求收集设站地点的流量、水位、降水、泥沙、蒸发、地下水等基本水文资料；为防汛抗旱提供实时水情资料；插补延长网内短系列资料；利用空间内插或资料移用技术，在网内任何地点都能够为环境保护，水资源的调查评价、开发和利用，水工程的规划、设计、施工、运行、管理，科学研究及其他公共需要提供基本数据。

19.河道断面测量内容和基本要求是什么？

答：河道断面测量的内容是测定河床各点的起点距（距断面起点桩的水平距离）及其高程。对水上部分各点高程采用四等水准测量；水下部分则是测量各垂线水深并观读测深时的水位。

20.水文测站对单次流量测验成果检查分析的内容是什么？

答：单次流量测验成果的检查分析内容有：①测点流速、垂线流速、水深和起点距测量记录的检查分析；②流量测验成果的合理性检查分析；③流量测次布置的合理性检查分析。

21.水文调查的基本内容有哪些？

答：水文调查的基本内容包括：①流域基本情况调查，即基本水文站上游集水区内流域基本情况调查；②水量调查，即基本站设站初期达到中等影响时，对河川径流进行还原水量调查和水量平衡调查；③暴雨和洪水调查，即基本站设站初期进行历史暴雨、洪水调查，或超过一定标准的当年暴雨、洪水调查；④专项水文调查，即为了专门目的的需要，调查收集某专项水文资料。

22.不稳定的水位流量关系有哪几种情形？

答：不稳定的水位流量关系有以下情形：①受冲淤影响的水位流量关系；②受变动回水影响的水位流量关系；③受洪水涨落影响的水位流量关系；④受水生植物影响的水位流量关系；⑤受结冰影响的水位流量关系；⑥受混合因素影响的水位流量关系。

23.单一水位流量关系的检验方法有哪些？

答：(1)符号检验。符号检验是检验所定水位流量关系曲线两侧实测点据的数目是否处于平衡状态，以确定对曲线是否需要进行修改。

(2)适线检验。适线检验是对实测点与曲线间正负偏离值的排列情况的检验，如所定水位流量关系曲线是完全适中的平衡状态，则符号变换的概率为1/2。

(3)偏离数值检验。检验实测点与曲线间的平均偏离值是否在合理范围内，如不合理，要对曲线进行修改。

24.水文资料的"三性审查"指什么？

答：水文资料的"三性审查"是指：可靠性审查、一致性审查和代表性审查。

可靠性审查指排除资料中可能存在的错误。

一致性审查指审查水文现象影响因素是否一致。

代表性审查指审查资料对于水文变量总体的代表性。

25.统计参数 $\overline{X}$、C_v、C_s 表示什么？

答：$\overline{X}$ 为平均数，它为分布的中心，代表整个随机变量的水平。当

C_v 和 C_s 值固定时，由于平均数的不同，频率曲线的位置也就不同，平均数大的频率曲线位于平均数小的频率曲线之上。

C_v 为变差系数，为标准差之和与数学期望值之比，用于衡量分布的相对离散程度。当 $\overline{X}$ 和 C_s 值固定时，C_v 值越大，频率曲线越陡；反之，C_v 值越小，频率曲线越平缓。

C_s 为偏差系数，用来反映分布是否对称的特征，它表征分布的不对称程度。当 $\overline{X}$ 和 C_v 值固定时，C_s 愈大，频率曲线的中部愈向左偏，且上段愈陡，下段愈平缓；反之，C_s 愈小，频率曲线的中部愈向右偏，且上段愈平缓，下段愈陡。

26.什么是水文监测环境和水文监测设施？

答：水文监测环境是指为确保监测到准确水文信息所必需的区域构成的立体空间。

水文监测设施是指水文站房、水文缆道、测船、测船码头、监测场地、监测井、监测标志、专用道路、仪器设备、水文通信设施以及附属设施等。

27.水资源系统的含义是什么？

答：在流域或地区范围内，有水文、水力互相联系的河流、湖泊、水库、地下水等水体和有关水工程及各需水部门所构成的综合体，称为水资源系统。

28.什么是洪水及洪水三要素？

答：洪水是指河湖在较短时间内发生的流量急骤增加、水位明显上升的水流现象。洪水按成因可分为暴雨洪水、融雪洪水、冰凌洪水、山洪以及溃坝洪水等，中国大部分地区以暴雨洪水和山洪为主。

洪峰流量、洪水总量以及洪水过程线称为洪水的三要素。洪水分析计算的主要任务，就是按照一定的标准，推求洪水的三要素，掌握洪水的规律。

29.什么是历史洪水调查？调查方式有哪几种？

答：历史洪水调查是指对某河段历史上发生的大洪水的水位、流量、过程、重现期和发生情况的考察。

调查方式有实地访问、调查和历史文献的考证等。

30.历史洪水调查的内容有哪些?

答:调查内容包括:洪水发生时间,洪痕高程和洪水水面线,洪水涨落过程,河道过水断面和河床糙率,雨情、灾情和流域地形等自然地理情况。以便分析洪峰流量、推求洪水过程线和考证洪水重现期。

31.洪水量级如何划分?

答:洪水频率和重现期是衡量洪水量级的一个标准,是确定水利工程、堤防建设规模和等级的重要依据。

我国江河洪水的等级如下:重现期在10年以下的为一般洪水,重现期10~20年的为较大洪水,重现期20~50年的为大洪水,重现期超过50年的为特大洪水。

32.什么是水情报汛站网?

答:凡提供水情信息的水文站、水位站、雨量站(气象站)和专用站统称为水情站。水情站可分为常年水情站、汛期水情站和辅助水情站三类。由水情站组成的报汛网络系统称为水情报汛站网。

33.什么是水文自动测报系统?

答:水文自动测报系统也称水位遥测系统,它是为收集、传递和处理水文实时数据而设置的各种传感器、通信设备和接收处理装置的总称。通常由遥测站、信道和接收处理中心三部分组成。

34.水文自动测报系统数据采集方式有哪几种?通信方式有哪几种?

答:水情自动测报系统数据采集方式有自报式、应答式和自报应答兼容式三种。

国内外的水情自动测报系统从通信方式上可分为超短波通信、专网及电话线通信、流星余迹通信、卫星通信、短波通信、混合通信等六大类。

35.什么是水文循环?

答:水文循环是指地球上的水分通过蒸发、水汽输送、降水、截留、下渗、径流等过程不断转化、迁移的现象,又称为水分循环或水循环。

按水文循环的规模与过程,可分为大循环和小循环。从海洋蒸发的水汽,被气流输送到大陆形成降水,其中一部分以地面和地下径流的

形式从河流汇入海洋，另一部分蒸发返回大气，这种海陆间的水分交换过程称为大循环或外循环；海洋上蒸发的水汽在海洋上空凝结后，以降水的形式落到海洋，或陆地上的水经蒸发凝结又降落到陆地，这种局部的水文循环称小循环或内循环，前者为海洋小循环，后者为陆地小循环。

36.什么是水量平衡？

答：水量平衡是指在水文循环过程中，某一区域在任一时段内，输入的水量等于输出的水量与蓄水变量之和。水量平衡方程是质量守恒原理在水文学研究中的一种表达方式。水量平衡方程中的输入项和输出项通常是指降水量、径流量、下渗量、蒸发量等。

37.什么是下渗？影响下渗的因素有哪些？

答：下渗是指水分透过土壤层面（例如地面）沿垂直和水平方向渗入土壤中的过程。下渗现象的定量表示为下渗率，它是指单位时间内通过单位面积的土壤层面渗入到土壤的水量，单位为 mm/min 或 mm/h等。

影响下渗率的因素有初始土壤含水量、供水强度、土壤结构和质地等。

38.什么是洪水预报系统？

答：在计算机上实现洪水预报联机作业的运行系统称为洪水预报系统。一般有定时洪水预报模块、人工干预洪水估报、模型中间变量初值修正模块、模型参数修正模块、历史洪水模拟模块、洪水预报信息查询与管理模块等六部分功能组成。

39.什么是设计洪水？

答：设计洪水是符合建设项目所在河段规划的防洪标准要求的当地可能出现的洪水，主要包括设计洪峰流量、不同时段的设计洪水总量和设计洪水过程线。

各项工程的特点和设计要求不同，需要计算的设计洪水内容也不同，如无调蓄能力的堤防和桥涵工程，要求计算设计洪峰流量；对滞洪区，主要计算设计洪水总量；对水库工程，需要计算完整的设计洪水过程线；当水库下游有防洪要求或梯级水库时，还需要计算设计洪水的地区组成;施工设计有时要求估算分期(季或月)设计洪水。根据资料条件,设计洪水可由流量资料推求,也可由雨量资料推求。对无流量、雨量资料的地区,可根据有关经验公式、等值线图等推求设计洪水。

40.推求设计洪水过程线的基本方法是什么?

答:推求设计洪水时要确定设计洪水过程线,即确定设计洪水的时程分配。一般采用放大典型洪水过程线的方法确定设计洪水过程线。进行洪水过程线放大通常采用两种方法,即同倍比法和同频率法。

41.设计洪水过程线的同倍比放大法和同频率放大法各适用于什么条件?

答:同倍比放大法推求设计洪水过程一般只能使峰或某一控制时段的量符合设计要求。按峰放大时,适用于以峰为控制的水利工程,如桥涵、堤防工程等;按量放大时,适用于具有调节功能的大型水利工程。

同频率放大法推求设计洪水过程线的最大特点是洪峰和各时段洪量均符合同一设计频率,该法适用于峰、量均起重要作用的水利工程。

42.什么是径流调节?

答:狭义的径流调节含义:通过建造水利工程(闸坝和水库等),控制和重新分配河川径流,人为地增减某一时期或某一地区的水量,以适应各用水部门的需要。

广义的径流调节含义:人类对整个流域面上(包括地面及地下)径流自然过程的一切有意识的干涉。

43.什么是河道糙率?糙率与流量、水位的关系是什么?

答:河道糙率是与河槽边界的粗糙程度和几何特征等有关的影响水流阻力的一个综合系数。

糙率与流量、水位的关系:当水位一定时,糙率越大,流速越小,流量也就越小,反之亦然;当流量一定时,糙率越大,流速越小,水位越高,反之亦然。

44.什么是可能最大降水和可能最大洪水?

答:可能最大降水:现代气候条件下给定流域面积在一定历时内理论上可能发生的最大雨深。

可能最大洪水:根据可能最大降水和相应的产汇流条件推算的

洪水。

45.什么是水资源可利用量和可供水量？

答：可利用量：在不造成水量持续减少、水质恶化及水环境破坏等不良后果的条件下，可供开发利用的水资源量。

可供水量：考虑来水和用水条件，通过各种工程措施可提供的水资源量。

46.丰水年、平水年、枯水年和特枯水年各指什么？

答：丰水年：年降水量或年河川径流量明显大于正常值（多年平均值）的年份。

平水年（中水年）：年降水量或年河川径流量接近正常值的年份。

枯水年：年降水量或年河川径流量明显小于正常值的年份。

特枯水年：年降水量或年河川径流量为历年最小值或接近历年最小值的年份。

47.重现期与频率的关系是什么？

答：重现期：等于或大于（等于或小于）一定量级的水文要素值出现一次的平均间隔年数。它与频率是互为倒数关系。

48.什么是水文分析计算？

答：水文分析计算主要是指为防洪排涝、水资源开发利用和其他有关工程的规划、设计、施工和运行，提供符合规定设计标准水文数据的技术。

49.什么是水文比拟法？

答：在流域水文气象条件和下垫面情况基本近似的前提下，把有水文资料的流域水文特征值、统计参数或典型时空分布移用到无资料流域，或经必要修正以作为设计依据的工作方法。

50.水资源评价包括哪些内容？

答：水资源评价是对水资源的数量、质量、时空分布特征、开发利用条件的分析评定。

评价内容包括：水资源基础条件评价、水量评价、水质评价、地表水资源评价、地下水资源评价及水资源总量评价等。

二 水资源与节约用水

51.什么是水资源?

答:水资源从广义来说是指水圈内水量的总体,包括经人类控制并直接可供灌溉、发电、给水、航运、养殖等用途的地表水和地下水,以及江河、湖泊、井、泉、潮汐、港湾和养殖水域等。从狭义上来说是指逐年可以恢复和更新的淡水量。

52.什么是水资源总量和水资源可利用量?

答:水资源总量是指降水所形成的地表和地下的产水量,即地表径流量(不包括区外来水量)和降水入渗补给量之和。

水资源可利用量是指在可预见的时期内,在统筹考虑生活、生产和生态环境用水的基础上,通过经济合理、技术可行的措施,在流域水资源量中可以一次性利用的最大水量。

53.地球上有多少水?

答:地球有“水球”之称。“三山七水一分田”,这句俗语,比较形象地概括了地球表面的情况。据有关资料,地球上的储水量达 3.85 亿 km^3,如果把这些水平铺在地球的表面,那么地球就会变成一颗平均水深达 2 700 多 m 的“水球”。

54.地球上有多少淡水?

答:地球淡水资源仅占总水量约 2.5%,其中 70%被冻结在南极和北极的冰盖中,16%集中在高山冰川和永冻积雪中,难以利用。人类真正能够利用的淡水资源是江河湖泊和地下水中的一部分,仅占地球总水量约 0.26%。

55.现阶段我国的基本水情是什么?

答:水资源自然禀赋条件差,人多水少。我国水资源总量 2.8 万亿 m^3,居世界第六位,但人均水资源占有量仅 2 100 m^3 左右,为世界人均水平的 28%。我国年均缺水量 500 多亿 m^3,600 多座城市中 2/3 缺水。有 16 个省(区、市)人均水资源量低于严重缺水线,有 6 个省(区)(宁夏、河北、山东、河南、山西、江苏)人均水资源量低于 500 m^3。

56.我国水资源分布特点是什么?

答:(1)空间分布不均:南方多、北方少,东部多、西部少,山区多、平原少。

(2)时间分布不均:夏秋多、冬春少。东部和南部受季风影响大,降水集中,大部分地区每年汛期4个月的降水量占全年的60%~80%,容易形成春旱夏涝,西部处于内陆地区,远离海洋,受季风影响弱,气候干旱,降水稀少。

57.新时期我国治水思路是什么?

答:节水优先、空间均衡、系统治理、两手发力。

(1)“节水优先”不是简单地减少用水,而是要建立科学的节水标准、定额指标体系和完备的节水评价制度,增强节水意识,使节水真正成为水资源开发利用的前提条件,是有效保障水安全的治本之策。

(2)“空间均衡”,核心就是要坚持以水定需,充分发挥水资源的刚性约束作用,倒逼发展规模、结构、布局的优化,确保经济社会发展不超出水资源、水生态、水环境的承载能力。

(3)“系统治理”,就是要把山、水、林、田、湖、草作为一个生命共同体,统筹考虑治水与治山、治林、治田、治草,促进生态各要素和谐共生。

(4)“两手发力”,就是发挥好政府与市场在解决水问题上的协同作用,通过监管引导调整人的行为、纠正人的错误行为,确保人们依照政府规则和市场规律办事。

58.什么是资源水利?

答:资源水利是以实现水资源的可持续利用为目标,主张在重视提升人力资源和加工资源两个生产要素质与量的水利工程投入的同时,更重视维护和提升自然资源这一生产要素质与量的水利工程投入,是水利可持续发展的新模式。

59.什么是水资源开发利用率?

答:水资源开发利用率是指流域或区域用水量占水资源可利用量的比率。体现的是水资源开发利用的程度。国际上一般认为,对一条河流的开发利用不能超过其水资源量的40%,目前,黄河、海河、淮河水资源开发利用率都超过50%,其中海河更是高达95%,超过国际公认的40%的合理限度。因此,水资源可持续利用已成为我国经济社会发展的战略问题,其核心是提高用水效率,建设节水型社会。

60.水资源开发利用应遵循的原则是什么?

答:一是全面规划、统筹兼顾、标本兼治、综合利用、讲求效益的原则;二是兴利与除害相结合、服从防洪总体安排的原则;三是开源与节流相结合、节流优先的原则;四是开发与保护相结合、污水处理再利用的原则;五是地表水与地下水统一调度开发的原则;六是生活、生产、生态用水相协调,优先满足生活用水的原则;七是兼顾上下游、左右岸和有关地区之间利益的原则。

61.建立水资源论证制度的意义是什么?

答:建立水资源论证制度的意义是:①适应我国水资源状况的客观要求;②保障社会主义经济可持续发展的需要;③加强水资源宏观调控的重要手段;④提升取水许可审批科学化和合理化的重要措施。

62.什么是生态环境耗水?

答:生态环境耗水是指维护生态环境不再进一步恶化,并逐渐改善,所需要消耗的地表水和地下水资源总量。

63.什么是水平衡测试?有什么作用?

答:通过摸清用水系统内各用水环节现状、用水效率,对用水系统内供水、耗水及排水进行水量平衡分析测试的过程,寻求系统最佳的供用水平衡点。

水平衡测试的作用是:①掌握企业用水现状;②定量分析企业用水合理化水平,挖掘节水潜力;③健全企业用水计量设施;④建立企业用水档案;⑤为制定企业各类工业产品用水定额提供基础数据。

64.什么是总量控制?

答:总量控制是指国家和省级水行政主管部门在保证流域生态用水的同时,根据全流域经济发展需要兼顾各方面的利益而下达的用水指标,进行水资源合理开发、永续利用的管理。

65.水票在农业灌溉中是怎样运行的?

答:水票是水权、水量和水价的载体及媒体,也是管水、用水和进行

水量交易的中介性票据。

用水户持水权证向水管单位购买灌溉水量，水管单位凭票供水。

66.与发达国家相比，我国工业用水水平如何？

答：我国城镇工业（不含火电）水的重复利用率为63%，全部工业（含乡镇企业）水的重复利用率还不足55%，发达国家由于科技发达，同时也比较重视节水工艺的研究和推广，工业用水的重复利用率在75%以上，美国制造业重复利用率已达94.5%。以2000年为例，我国万美元工业增加值用水量为117 m^3，美国为39.2 m^3，日本为34.3 m^3，英国为31.3 m^3，法国为76.5 m^3，意大利为54.9 m^3，德国为43.1 m^3。与世界发达国家相比，我国工业用水的总体水平还很低。

67.什么是节水型社会？

答：节水型社会是指人们在生活和生产过程中，在水资源开发利用的各个环节，通过政府调控、市场引导、公众参与，以完备的管理体制、运行机制和法制体系为保障，建立与水资源承载能力相适应的经济结构体系，促进区域经济社会的可持续发展。

68.建设节水型社会的必备条件是什么？

答：(1)最严格水资源管理制度、水资源消耗总量和强度双控行动确定的控制指标全部达到年度目标要求。

(2)近两年实行最严格水资源管理制度考核结果为良好及以上。

(3)节水管理机构健全，职责明确，人员齐备。

69.什么是工业节水？

答：工业节水是指通过加强管理，采取技术上可行、经济上合理的节水措施，减少工业取水量和用水量，降低工业排水量，提高用水效率和效益，合理利用水资源的过程和方法。

70.高耗水工业行业是指哪些行业？

答：高耗水工业是指钢铁、煤炭、火力发电、石化、化工、纺织、造纸、食品等行业。

71.高耗水服务业行业是指哪些行业？

答：高耗水服务业是指洗浴、洗车、高尔夫球场、室外人工滑雪场、宾馆等行业。

72.什么是万元地区生产总值用水量?

答:万元地区生产总值用水量是指每产生1万元地区生产总值(GDP)从自然环境中所获取的水量。

73.什么是万元工业增加值用水量?

答:万元工业增加值用水量是指在一定的计量时间内,实现1万元工业增加值的取用水量。

74.什么是工业水重复利用率?

答:工业水重复利用率是指在一定的计量时间内,工业生产过程中使用的重复利用水量与用水总量的百分比。

75.什么是节水型企业?

答:节水型企业是指利用先进适用的管理措施和节水技术,经评价用水效率达到国内同行业先进水平并经相关部门或机构认定的企业。

76.水利工程供水价格由哪几部分构成?

答:水利工程供水价格由供水生产成本、费用、利润和税金构成。

77.节水与水价的关系是什么?

答:节水与水价的关系在于:科学、合理的水价是促进节约用水、减少水资源浪费的重要手段;能够发挥价格杠杆作用,自动调节水资源供需关系,缓解水资源的供求矛盾;促进水资源的优化配置和社会经济的持续发展。

78.什么是再生水?

答:再生水是指污水经过适当处理后,达到一定的水质指标,满足某种使用要求,可以再次利用的水。

79.什么是中水?

答:中水主要是指城市污水或生活污水经处理后达到一定的水质标准,可在一定范围内重复使用的非饮用的杂用水,其水质介于饮用水与污水之间。中水回用是城市节水的重要途径之一。

80.什么是水权?

答:水权是指水资源的所有权、使用权、经营管理权和转让权的总称,也可称为水资源产权。水权制度的核心是水资源产权的明晰和确立。

81.什么是水权交易?

答:在水资源优化配置和高效利用的前提下,取得水资源使用权的地区或用水户以水市场为平台,通过平等协商,将其节余的水有偿转让给其他地区或用水户,使水资源的使用权发生变化,这就是水权交易。水权交易是水市场的重要内容,也是水市场形成的重要标志。在水权交易过程中,既要体现水的商品价值,又要体现兼顾大多数人的利益和公平交易的原则。

82.什么是分类水价?

答:根据各种不同用水类型,在终端用水环节探索实行分类水价。统筹考虑用水量、生产效益及不同行业发展政策等,合理确定各类用水价格,用水量大或附加值高的行业用水价格可高于其他用水类型。

三　水环境、水生态保护与修复

83.什么是水环境?

答:水环境是指自然界中水的形成、分布和转化所处空间的环境。是指围绕人群空间及可直接或间接影响人类生活和发展的水体,及其正常功能的各种自然因素和有关的社会因素的总体。

水环境主要由地表水环境和地下水环境两部分组成。地表水环境包括河流、湖泊、水库、海洋、池塘、沼泽、冰川等,地下水环境包括泉水、浅层地下水、深层地下水等。水环境是构成环境的基本要素之一,是人类社会赖以生存和发展的重要场所,也是受人类干扰和破坏最严重的领域。

84.什么是水环境监测站网?

答:水环境监测站网是按一定目的与要求,由适量的各类水质站组成的水环境监测网络。水环境监测站网可分为地表水、地下水和大气降水三种基本类型。

85.什么是水环境质量?水环境质量标准有哪些?

答:用类别指标和综合指标(质量指标)表征的水环境属性及其优劣的情况,通常指水环境遭受污染的程度。

按照水体类型，可分为地面水环境质量标准、地下水环境质量标准和海水环境质量标准；按照水资源的用途，可分为生活饮用水水质标准、渔业用水水质标准、农业用水水质标准、娱乐用水水质标准、各种工业用水水质标准等；按照制定的权限，可分为国家水环境质量标准和地方水环境质量标准。

86.什么是水污染？

答：污染物进入水体，使水质恶化，降低水的功能及其使用价值的现象。水污染主要是由人类活动产生的污染物造成的，它包括工业污染源、农业污染源和生活污染源三大部分。水体污染影响工业生产、增大设备腐蚀、影响产品质量，甚至使生产不能进行下去。水的污染，又影响人民生活，破坏生态，直接危害人的健康，日趋加剧的水污染，已对人类的生存安全构成重大威胁，成为人类健康、经济和社会可持续发展的重大障碍。

87.地下水污染的特点是什么？

答：①污染过程缓慢。污染物在地表水下渗过程中，不断地被沿途的各种阻碍物阻挡、截留、吸附、分解，进入地下水中的数量大为减少，通过地层愈长截留的愈多。因此，地下水污染过程较地表水缓慢。②间接污染过程复杂。地表水中某一污染物，在其下渗过程中，作用于其他物质，并被携带进入地下水，造成间接污染。例如，地表水中酸碱盐类等在下渗过程中使岩层中大量钙镁溶解进入水中，可引起地下水硬度的增加。③污染难以治理。地下水一旦被污染，即使消除了污染源，水质的恢复仍需要十几年，甚至几十年或更长的时间。

88.为什么说地下水污染难以治理？

答：这是由于地下水一旦被污染，即使消除了污染源，其上覆土壤、赋存介质中吸附、截留污染物还会源源不断地释放到地下水中，造成地下水污染很难治理。

89.什么是水环境容量？

答：水环境容量是指在不影响水的正常用途的情况下，水体所能容纳的污染物的量或自身调节净化并保持生态平衡的能力。水环境容量是制定地方性、专业性水域排放标准的依据之一，环境管理部门还利用

它确定在固定水域到底允许排入多少污染物。

90.什么是水环境承载能力?

答:水环境承载能力是指在一定的水域内,其水体能够被继续使用并仍保持良好生态系统时,所能够容纳污水及污染物的最大能力。

91.提高水环境承载能力的主要途径有哪些?

答:提高水环境承载能力的主要途径有两条:减污和增水。减污的工作重点是:一是清洁生产,把防治水体污染的工作重点从末端治理转为源头控制;二是节水;三是污水处理。增水是指对水域进行增水调控。

提高水环境承载能力的途径除减污、增水外,污水资源化也是非常值得深入研究的一项重要措施。污水资源化既治理了污水,减少了污水的排放,处理后的水又可以回用,增加了水环境承载能力。

92.什么是水功能区?

答:为满足水资源合理开发、利用、节约和保护的需要,根据水资源的自然条件和开发利用现状,按照流域综合规划、水资源保护规划和经济社会发展要求,依其主导功能划定并执行相应水环境质量标准的水域。

93.水功能区有哪些分类?

答:水功能区采用一、二两级区划的分级分类系统。

一级水功能区分为保护区、保留区、缓冲区和开发利用区四级。

二级水功能区在开发利用区中划分为饮用水水源区、工业用水区、农业用水区、渔业用水区、景观娱乐用水区、过渡区和排污控制区七类。

94.什么是水域纳污能力?

答:在设计条件下,某种污染物满足水功能区水质目标要求所能容纳的该污染物的最大数量。

95.什么是污染物排放标准?

答:国家为实现环境质量标准或环境目标,对人为污染源排入水环境的污染物浓度或数量所做出的限量规定。制定污染物排放标准目的是通过控制污染源排污量的途径来实现环境质量标准或环境目标。污染物排放标准按污染物形态分为气态、液态、固态以及物理性污染物

(如噪声)排放标准。

96.什么是水样?

答:水样是指为检验水体中各种规定的特征,不连续或连续地从特定的水体中取出的有代表性的一定体积的水。

从采样时间上分,可分为瞬时水样和混合水样;从采样浓度上分,可分为表层水样、中层水样和底层水样;从测试项目分,可分为水质水样和生物水样。

水样的代表性是分析测试准确性和评价结论可靠性的前提,而为了保证水样的代表性,必须选择具有代表性的监测断面或监测点位,采用规范化的采样方法,在规定的时段内采集样品,并及时、有效地将所采集水样加以稳定。

97.水质指标主要有哪些?

答:水质指标是指水样中除去水分子外所含杂质的种类和数量,它是描述水质状况的一系列标准。

水质指标分为物理、化学和微生物学指标三类。常用的水质指标主要有以下几项:

(1)水温、悬浮物(SS)、浊度、透明度及电导率等物理指标,pH、总碱(酸)度、总硬度等化学指标,用来描述水中杂质的感官质量和水的一般化学性质,有时还包括对色、嗅、味的描述。

(2)氧的指标体系,包括溶解氧、生化需氧量、化学需氧量、总需氧量等,用来衡量水中有机污染物质的多少,也可以用碳的指标来表示,如总有机碳、总碳等。

(3)氨氮、亚硝酸盐氮、硝酸盐氮、总氮、磷酸盐和总磷等,用来表征水中植物营养元素的多少,也反映水的有机污染程度。有时还加上表征生物量的指标叶绿素 a。

(4)金属元素及其化合物,如汞、镉、铅、砷、铬、铜、锌、锰等,包括对其总量及不同状态和价态含量的描述。

(5)其他有害物质,如挥发酚、氰化物、油类、氟化物、硫化物以及有机农药、多环芳烃等致癌物质。

(6)细菌总数、大肠菌群等微生物学指标,用来判断水受致病微生

物污染的情况。

(7)还可根据水体中污染物的性质采用特殊的水质指标,如放射性物质浓度等。

98.什么是富营养化?

答:富营养化是指生物所需的氮、磷等营养物质大量进入湖泊、河口、海湾等缓流水体,引起藻类及其他浮游生物迅速繁殖,水体溶氧量下降,鱼类及其他生物大量死亡的现象。

在自然条件下,随着河流挟带冲积物和水生生物残骸在湖底的不断沉降淤积,湖泊会从贫营养湖过渡为富营养湖,进而演变为沼泽和陆地,这是一种极为缓慢的过程,因此富营养化又被称为湖泊的"杀手"。

水体出现富营养化现象时,由于浮游生物大量繁殖,往往使水体呈现蓝色、红色、棕色、乳白色等,这种现象在江河湖泊中叫水华(水花),在海中叫赤潮。

99.什么是人工湿地?

答:指用人工筑成水池或沟槽,底面铺设防渗漏隔水层,充满一定深度的基质层,种植水生植物,利用基质、植物、微生物的物理、化学、生物三重协同作用使污水得到净化。按照污水流动方式,分为表面流人工湿地、水平潜流人工湿地和垂直潜流人工湿地。

100.什么是表面流人工湿地?

答:指污水在基质层表面以上,从池体进水端水平流向出水端的人工湿地。

101.什么是水平潜流人工湿地和垂直潜流人工湿地?

答:水平潜流人工湿地指污水在基质层表面以下,从池体进水端水平流向出水端的人工湿地。

垂直潜流人工湿地指污水垂直通过池体中基质层的人工湿地。

102.什么叫点源水污染和面源水污染?

答:点源水污染是指有固定排放点的污染源,如工业废水及城市生活污水,由排放口集中汇入江河湖泊。

面源水污染是指没有固定污染排放点的污染源,如农村生活污染水、农田过量施肥、养殖粪便、垃圾污染等。

103.我国地表水质分几类?

答:我国的地表水质分类为Ⅰ、Ⅱ、Ⅲ、Ⅳ和Ⅴ,共5类。

Ⅰ类,主要适用于源头水、国家自然保护区。

Ⅱ类,主要适用于集中式生活饮用水地表水源地一级保护区、珍稀水生生物栖息地、鱼虾类产场、仔稚幼鱼的索饵场等。

Ⅲ类,主要适用于集中式生活饮用水地表水源地一级保护区、珍稀水生生物栖息地、鱼虾类产场、仔稚幼鱼的索饵场等。

Ⅳ类,主要适用于一般工业用水区及人体非直接接触的娱乐用水区。

Ⅴ类,主要适用于农业用水区及一般景观要求水域。

104.什么是劣Ⅴ类水质?

答:污染程度已超过Ⅴ类的水。如果水质指标当中有一项达不到Ⅴ类,那么整体水质就要被判为劣Ⅴ类。

105.地表水水质监测常规五参数指的是什么?

答:常规五参数包含pH、电导率、溶解氧、浊度和温度。

106.水质常规九项指标是什么?

答:(1)色度。饮用水的色度大于15度时多数人即可察觉,大于30度时人感到厌恶。标准中规定饮用水的色度不应超过15度。

(2)浑浊度。为水样光学性质的一种表达语,用以表示水的清澈和浑浊的程度,是衡量水质良好程度最重要的指标之一,也是考核水处理设备净化效率和评价水处理技术状态的重要依据。浑浊度的降低就意味着水体中的有机物、细菌、病毒等微生物含量减少,这不仅可提高消毒杀菌效果,又利于降低卤化有机物的生成量。

(3)嗅和味。水臭的产生主要是有机物的存在,可能是生物活性增加的表现或工业污染所致。公共供水正常嗅味的改变可能是原水水质改变或水处理不充分的信号。

(4)肉眼可见物。主要指水中存在的、能以肉眼观察到的颗粒或其他悬浮物质。

(5)余氯。余氯是指水经加氯消毒,接触一定时间后,余留在水中的氯量。在水中具有持续的杀菌能力,可防止供水管道的自身污染,保

证供水水质。

(6)化学需氧量。是指化学氧化剂氧化水中有机污染物时所需氧量。化学需氧量越高,表示水中有机污染物越多。水中有机污染物主要来源于生活污水或工业废水的排放、动植物腐烂分解后流入水体。

(7)细菌总数。水中含有的细菌,来源于空气、土壤、污水、垃圾和动植物的尸体,水中细菌的种类是多种多样的,其包括病原菌。我国规定饮用水的标准为 1 mL 水中的细菌总数不超过 100 个。

(8)总大肠菌群。是一个粪便污染的指标菌,从中检出的情况可以表示水中有否粪便污染及其污染程度。在水的净化过程中,通过消毒处理后,总大肠菌群指数如能达到饮用水标准的要求,说明其他病原体原菌也基本被杀灭。

(9)耐热大肠菌群。它比大肠菌群更贴切地反映食品受人和动物粪便污染的程度,也是水体粪便污染的指示菌。

107.地表水环境质量标准基本项目各有哪些分析方法?

答:水温:温度计法;pH:玻璃电极法;溶解氧:碘量法、电化学探头法;化学需氧量:重铬酸盐法;高锰酸盐指数:高锰酸钾氧化法;氨氮:水杨酸分光光度法、纳氏试剂比色法;总磷:钼氨酸分光光度法;总氮:碱性过硫酸钾消解紫外分光光度法;铜:2,9-二甲基-1,10-菲啰啉分光光度法、二乙基二硫代氨基甲酸钠分光光度法、原子吸收分光光度法(整合萃取法);锌:原子吸收分光光度法;氟化物:氟试剂分光光度法、离子选择电极法、离子色谱法;硒:2,3-二氨基萘荧光法、石墨炉原子吸收分光光度法;砷:二乙基二硫代氨基甲酸银分光光度法;汞:冷原子荧光法、冷原子吸收分光光度法;镉:冷原子荧光法、原子吸收分光光度法(螯合萃取法);铬(六价):二苯碳酰二肼分光光度法;铅:原子吸收分光光度法螯合萃取法;总氰化物:异烟酸-吡唑啉酮比色法、吡啶–巴比妥酸比色法;挥发酚:蒸馏后 4-氨基安替比林分光光度法;石油类:红外分光光度法;阴离子表面活性剂:亚甲蓝分光光度法;硫化物:亚甲基蓝分光光度法、直接显色分光光度法;粪大肠菌群:多管发酵法、滤膜法。

108.水生态修复的主要任务是什么?

答:水生态修复的主要任务是恢复水生态系统的完整性,即河湖生态系统的整体修复。修复任务包括水文、水质、地貌和生物在内的全面改善,其核心是恢复五大水生态要素的自然特征,即水文情势时空变异性、河湖地貌形态空间异质性、河湖水系三维连通性、适宜生物生存的水体物理化学特性范围,以及食物网结构和生物多样性。

109.水生态修复包括哪些类型?

答:水生态修复一般包括人工修复、自然修复两类,生态缺损较大的区域,以人工修复为主,并与自然修复相结合,以人工修复促进自然修复;现状生态较好的区域,以保护和自然修复为主,人工修复主要是为自然修复创造更良好的环境,加快生态修复进程,促进稳定化过程。

110.水生态修复有哪些技术措施?

答:水生态修复技术包括"控源减污、基础生境改善、生态修复和重建、优化群落结构"四项技术措施。水体生态修复不仅包括开发、设计、建立和维持新的生态系统,还包括生态恢复、生态更新、生态控制等内容,同时充分利用水调度手段,使人与环境、生物与环境、社会经济发展与资源环境达到持续的协调统一。

111.生态用水指什么?

答:生态用水也叫生态需水或生态环境用水,是近几年随着生态环境逐渐恶化而提出的新概念。

一般广义上说,是指维持全球生态系统水分平衡所需要的水量,比如河流、湿地等维持本身功能所需要的水量。

从专业角度讲,生态用水具体包括维持水热平衡(降水与地表水蒸发、植被蒸腾之间的平衡)、生物平衡(维持水生生物生长及水体自然净化)、水沙平衡(清除河道淤积、水库淤积)和水盐平衡(防止海水入侵、保持淡水性状)所需的水量。

112.什么是河道生态基流量?

答:河道生态基流量是指维持河道生态系统运转的基本流量。地表水不仅是人类社会经济活动的主要水源,同时对调节局地气候、保持水体自净能力、保护湿地、维持水生生态系统、美化环境等都具有重要

作用。对于中国西北内陆地区,河道内生态基流量对下游天然绿洲保护和荒漠化防治具有特别重要的意义。

113.人居环境用水有哪些?

答:人居环境用水包括绿化用水、河湖用水、娱乐用水、景观环境用水等。人类对生存环境的要求在不断提高,美好的环境需要一定的水量保证,随着人类生活水平和对环境质量要求的提高,景观环境用水将越来越重要。

四 水资源管理与保护

114.我国缺水的三种类型是什么?

答:资源型缺水、水质型缺水和工程型缺水。

115.解决水资源供需矛盾的有效途径是什么?

答:计划用水和节约用水。

116.国家对水资源使用依法实行什么制度?

答:国家对水资源依法实行取水许可制度和有偿使用制度。农村集体经济组织及其成员使用本集体经济组织的水塘、水库中的水除外。

117.常规水资源的开发利用工程有哪几类?

答:蓄水工程、引水工程、提水工程。

118.非常规水资源主要有哪几类?

答:雨水资源、微咸水资源、矿井水、海水资源及中水等。

119.泉域水资源是指什么?

答:泉域水资源是指岩溶泉水的补给、径流和排泄范围内的地表水、地下水。

120.泉域重点保护区内禁止哪些行为?

答:泉域重点保护区内禁止以下行为:①擅自打井、挖泉、截流、引水;②将已污染含水层与未污染含水层的地下水混合开采;③在泉水出露带进行采煤、开矿、开山采石和兴建地下工程;④新建、改建、扩建与供水设施和保护水资源无关的建设项目;⑤倾倒、排放工业废渣和城市生活垃圾、污水及其他废弃物。

121.什么是水资源评价?

答:水资源评价是指对某一个地区水资源的数量、质量、时空分布特征和开发利用条件做出的分析评价。

122.保护水资源主要包括哪些有效措施?

答:保护植被、植树种草、涵养水源、防治水土流失和水体污染。

123.同一申请人申请取用多种水源的应如何核发取水许可证?

答:应当区分不同的水源,分别核发取水许可证。

124.《中华人民共和国水法》对加强水资源宏观管理和配置有哪些规定?

答:①开发、利用、节约、保护水资源和防治水害,应当全面规划、统筹兼顾、标本兼治、综合利用、讲求效益;②需确立水资源论证制度;③需确立水资源中长期供求规划制度;④需确立流域水量分配方案制度和旱情紧急情况下的水量调度预案制度,以及年度水量分配方案和调度计划制度;⑤需特别重视各种宏观管理制度的监督管理。

125.什么是依法取水?

答:依法取水是指利用水工程或者机械提水设施直接从江河、湖泊或者地下取水,需向水行政主管部门提出取水申请,经同意后建设取水工程,工程完工验收后办理取水许可证,方可取水。

126.最严格水资源管理“四项制度”是什么?

答:根据2012年国务院《关于实行最严格水资源管理制度的意见》,“四项制度”是用水总量控制制度、用水效率控制制度、水功能区限制纳污制度、水资源管理责任和考核制度。

127.最严格水资源管理“三条红线”目标是什么?

答:根据2012年国务院《关于实行最严格水资源管理制度的意见》,“三条红线”目标,一是水资源开发利用控制红线,到2030年全国用水总量控制在7 000亿m^3以内;二是用水效率控制红线,到2030年万元工业增加值用水量降低到40 m^3以下,农田灌溉水有效利用系数提高到0.6以上;三是水功能区限制纳污红线,到2030年水功能区水质达标率提高到95%以上。

128.各级政府在城市水资源管理上应当做哪些工作？

答：因地制宜采取有效措施，推广节水型生活用水器具，降低城市供水管网漏失率，提高生活用水效率；加强城市污水集中处理，鼓励使用再生水，提高污水再生利用率。

129.未安装计量设施应如何处罚？

答：根据《取水许可和水资源费征收管理条例》（国务院令第 460 号）的规定，未安装计量设施的，责令限期安装，并按照日最大取水能力计算的取水量和水资源费征收标准计征水资源费，处 5 000 元以上 2 万元以下罚款；情节严重的，吊销取水许可证。

130.取用水自动监测站的主要设备有哪些？

答：取用水自动监测站主要由量测设备（管道流量计、明渠流量计、水位计）、RTU 遥测终端、GPRS 通信控制器、太阳能电池、太阳能控制器、蓄电池等组成。

131.COD 有哪些测量方法？

答：COD 分为 COD_{Mn}（高锰酸盐指数）、COD_{Cr}（化学需氧量）和 COD_{uv}。COD_{Mn}适用于测量低含量水源，例如：地表水、水库；COD_{Cr}用于测量高含量水源，例如：排污口（COD 含量较高）；COD_{uv}是 COD 的物理测量方法，不需要添加试剂即可测量，常用于在线监测。

132.水质分析仪有哪些种类？

答：水质分析仪总体分为两种，一种是物理测量法，一种是化学测量法。物理测量法不需要添加试剂即可测量，例如：温度、电导率、浊度、溶解氧、pH；另一种是化学测量法，例如：氨氮、总磷、总氮，是需要定期添加试剂才能够进行测量分析的一种方法。

五 水源地保护与地下水保护

133.生活饮用水水源水质标准要求是什么？

答：地表水饮用水水源一级保护区内的水质，不得低于国家《地表水环境质量标准》（GB 3838—2002）Ⅱ类标准；二级保护区内的水质，不得低于国家《地表水环境质量标准》（GB 3838—2002）Ⅲ类标准。

地下水饮用水水源保护区内的水质,不得低于国家《地下水质量标准》(GB/T 14848—2017)Ⅲ类标准。

分散式饮用水水源地表水、地下水的水质,不得低于国家《地表水环境质量标准》(GB 3838—2002)《地下水质量标准》(GB/T 14848—2017)Ⅲ类标准。

134.饮用水水源保护区分为哪几个等级?

答:按照《中华人民共和国水污染防治法》的要求,饮用水水源保护区分为一级和二级保护区,必要时还可以在饮用水水源保护区外围划定一定的区域作为准保护区。

135.河流型地表水饮用水水源地保护区如何划定?

答:一级保护区:以取水点起上游 1 000 m、下游 100 m 的水域及其河岸两侧纵深各 200 m 的陆域。

二级保护区:从一级保护区上界起上溯 2 500 m 及其河岸两侧纵深各 200 m 的陆域。

准保护区:从二级保护区上界起上溯 5 000 m 的水域及其河岸两侧纵深各 200 m 的陆域。

136.什么是地下水可利用量?

答:指当前技术可行、经济合理的取水工程,在长期开采过程中不致引起水位持续下降和水质恶化,也不引起危害性的工程地质现象时可获得的最大水量。

137.地下水超采区指什么?

答:地下水超采区是指某一区域内,在某一时期、某一开采水平下,多年平均地下水开采量超过该区的地下水可开采量,从而造成区域性地下水位持续下降,含水层被疏干,形成地下水降落漏斗并逐渐扩大,以及水源地水量减少、水质恶化等现象。

138.哪些情况不允许取用地下水?

答:(1)不符合地下水取水总量控制、地下水水位控制要求。

(2)不符合限制开采区取用水规定。

(3)不符合行业用水定额和节水规定。

(4)不符合强制性国家标准。

(5)水资源紧缺或者生态脆弱地区新建、改建、扩建高耗水项目。

(6)违反法律、法规的规定开垦种植而取用地下水。

139.地下水禁采区如何划定?

答:(1)已发生严重的地面沉降、地裂缝、海(咸)水入侵、植被退化等地质灾害或者生态损害的区域。

(2)地下水超采区内公共供水管网覆盖或者通过替代水源已经解决供水需求的区域。

(3)法律、法规规定禁止开采地下水的其他区域。

140.地下水限采区如何划定?

答:(1)地下水开采量接近可开采量的区域。

(2)开采地下水可能引发地质灾害或者生态损害的区域。

(3)法律、法规规定限制开采地下水的其他区域。

141.哪些情形下可以在地下水禁采区内取水?

答:(1)为保障地下工程施工安全和生产安全必须进行临时应急取(排)水。

(2)为消除对公共安全或者公共利益的危害临时应急取水。

(3)为开展地下水监测、勘探、试验少量取水。

142.为防止地下水污染应禁止哪些行为?

答:(1)利用渗井、渗坑、裂隙、溶洞以及私设暗管等逃避监管的方式排放水污染物。

(2)利用岩层孔隙、裂隙、溶洞、废弃矿坑等储存石化原料及产品、农药、危险废物、城镇污水处理设施产生的污泥和处理后的污泥或者其他有毒有害物质。

(3)利用无防渗漏措施的沟渠、坑塘等输送或者储存含有毒污染物的废水、含病原体的污水和其他废弃物。

(4)法律、法规禁止的其他污染或者可能污染地下水的行为。

第二章 地质及测量

一 水文地质

143.水文地质学研究的内容是什么?

答:水文地质学是研究地下水圈的科学。水文地质学不仅研究地下水本身,而且研究水与周围环境的相互关系;研究在各种自然因素与人为活动影响下地下水的质与量的形成及在时空上的变化规律;研究地下水作为一种地质营力在其形成的整个过程中对环境的改造作用;并研究如何掌握利用其规律,以便兴利除害。

144.自然界的水循环有哪几类?有何区别?

答:自然界的水循环按其循环形式及参与循环的层圈深度可分为水文循环与地质循环。水文循环发生于大气、水、地表水与地壳浅部地下水之间,循环速度相对迅速;在地质循环中水参与沉积、变质与岩浆作用过程,地壳浅表的水与地壳深部乃至地幔的水发生交换,循环途径长,循环速度缓慢,此类水循环是在地质历史进程中进行的。

145.存在于岩石空隙中的水,按物理状态不同可分为哪几类?

答:按物理状态不同可分为气态水、液态水、固态水。在液态水中,又可根据其受力情况分为结合水、毛细水和重力水。此外,还有存在于矿物内部的矿物结合水。

146.结合水、重力水和毛细水有何特点?

答:结合水是受固相表面的引力大于水分子自身重力的那部分水。此部分水束缚于颗粒表面及隙壁上,不能在自身重力影响下运动。结合水区别于普通液态水的最大特征是具有抗剪强度。

重力水是距离固体表面更远的那部分水分子,重力对它的影响大于固体表面对它吸引力,因而能在自身重力影响下运动,这部分水就是重力水。重力水在地壳岩石空隙中分布最为普遍,数量最多,是浅部地

下水存在的形式。人类生产与生活所取用的主要是重力水。因此,它是水文地质学研究的主要对象。

毛细水同时受重力和毛细力作用,能传递静水压力。毛细水有时会脱离地下水面而独立存在,形成悬挂毛细水。

147.岩石的水文地质性质有哪些?其含义是什么?

答:岩石的水文地质性质内容很广,但与水分的储容和运移有关的性质包括容水性、持水性、给水性和透水性。

容水性:指岩石能容纳一定水量的性能。其度量指标为容水度。容水度是指岩石中所能容纳水的体积与岩石体积之比。

持水性:在重力作用下岩石仍能保持一定水量的性能。在数量上用持水度表示。是指饱水岩石在重力作用下释水后,岩石中所能保持的水体积与岩石体积之比。

给水性:地下水面下降时,原先饱水岩石中的水在重力作用下能否自由释出或释出数量多少,即为岩石给水性。当地下水位下降一个单位深度时,在重力作用下单位水平面积岩石柱体中所释放出水的体积,称为给水度,它是岩石给水性的度量指标。

透水性:是指岩石允许水透过的能力。岩石透水性的度量指标是渗透系数。

148.影响岩石透水性的因素有哪些?

答:空隙大小是影响岩石透水性的主要因素,空隙多少则属于次要影响因素。固结基岩的透水性其影响因素较之松散岩层复杂得多,除空隙大小与多少外,尚有空隙延伸的方向性、连通性、填充性、空隙形状及隙面粗糙度等方面因素影响。

149.什么是含水层、隔水层、弱透水层?

答:含水层是指能够透过并给出相当数量水的岩层;隔水层是指不能透过与给出水,或者透过与给出水的数量微不足道的岩层;弱透水层是指那些渗透性相当差的岩层。

150.地下水按埋藏条件分为哪几类?各指的是哪些水?

答:地下水按埋藏条件分为包气带水、潜水和承压水。

在包气带中岩石空隙包含有气态水,隙壁表面附着的有结合水,在靠近地下水面的部位分布有毛细水,以及局部隔水层上积聚的上层滞水等,统称为包气带水。

潜水是指饱水带中第一个具有自由表面的含水层中的水。

承压水是指充满于两个隔水层之间的含水层中的水。

151.潜水的水位动态随季节如何变化?

答:潜水通过包气带直接与大气圈及地表水圈发生联系。丰水季节或年份潜水接受的补给量大于排泄量,潜水面上升,含水层厚度加大,水位埋藏深度变小。干旱季节排泄量大于补给量,潜水面下降,含水层变薄,水位埋藏深度加大。因此,潜水的水位动态有明显的季节变化。

152.潜水有哪些特点?

答:潜水的特点有:①潜水与包气带直接相通。②潜水补给来源主要为大气降水、地表水或凝结水;排泄方式有径流排泄(以泉、渗流等形式)、蒸发排泄。③潜水的动态受季节影响大。④潜水的水质取决于地形、岩性和气候。⑤潜水资源易于补充恢复。⑥潜水易受污染。

153.承压水有哪些特点?

答:承压水的特点有:①承压水具有承压性;②承压水与大气圈、地表水圈的联系较弱,补给主要通过含水层出露地表的补给区获得补给,并通过范围有限的排泄区进行排泄;③承压水补给不像潜水那样容易补充恢复,其受季节影响相对较小,故动态比较稳定;④承压水的水质变化主要取决于水交替作用。

154.什么是地下水渗透流速?渗透流速与实际流速的关系如何?

答:地下水流渗透通过整个岩石断面,把渗透流量平均到整个过水断面上,所得的流速便是地下水的渗透流速。如果把渗透流量平均到含水层的实际过水断面上,所得的流速即为实际流速,或叫实际平均流速。渗透流速总是小于实际流速。

155.什么是水力梯度和渗透系数?

答:水力梯度就是指沿地下水流方向上单位渗透途径上的水头损失。一般用渗透途径长度上的水头变化值与相应渗透途径长度之比值来表示。

渗透系数是说明岩石渗透性能的参数。渗透系数的值就相当于水力梯度等于1时的渗透流速。

156.渗透系数与哪些因素有关？

答：渗透系数不仅与岩石的空隙性质有关，还与液体的黏滞性有关。岩石空隙越大，连通性越好，孔隙度越高，渗透系数越大；在岩石中液体黏滞性愈大，运动中的摩擦阻力就愈大，渗透系数则愈小。

157.什么是达西定律和哲才定律？

答：地下水运动的基本规律有线性渗透定律——达西定律和非线性渗透定律——哲才定律。

线性渗透定律——达西定律：渗透流量 Q 等于渗透系数 K 与过水断面面积 ω 及水力梯度 i 的乘积。达西公式另一种表达形式：渗透流速 v 等于渗透系数 K 与水力梯度 i 的乘积。v 与 i 的一次方成正比，故称达西公式为线性渗透定律。

绝大多数情况下地下水运动都符合线性渗透定律，因此达西定律适用范围很广，它不仅是水文地质定量计算的基础，还是定性分析各种水文地质过程的重要依据。

非线性渗透定律——哲才定律：当地下水在较大的空隙中运动，且其流速相当大时，呈紊流运动，此时的渗流服从哲才定律，即渗透流速 v 等于渗透系数 K 与水力梯度 i 平方根的乘积。此时，渗透流速 v 与水力梯度 i 的平方根成正比。

158.地下水物理性质主要有哪几项？

答：地下水的物理性质主要包括温度、透明度、颜色、嗅（气味）和味（味道）等，有时还包括导电率和放射性。

159.地下水的硬度如何分类？

答：地下水的硬度：水中的钙、镁离子构成水的硬度。水的硬度可分为总硬度、暂时硬度及永久硬度。

总硬度：水中所含 Ca^{2+} 与 Mg^{2+} 的总量，称为总硬度。

暂时硬度：水经加热至沸腾后，一部分 Ca^{2+} 和 Mg^{2+} 形成碳酸盐沉淀，形成沉淀的这部分 Ca^{2+}、Mg^{2+} 的数量称为暂时硬度。

永久硬度：是指水经加热至沸腾后，仍留在水中 Ca^{2+} 和 Mg^{2+} 的含量。

三种硬度的关系：总硬度=暂时硬度+永久硬度。

地下水按硬度大小（德国度^{0}H）可分为五类：极软水（小于4.2）、软水（4.2~8.4）、微硬水（8.4~16.8）、硬水（16.8~25.2）、极硬水（大于25.2）。

160.什么是地下水的总矿化度？地下水按矿化度如何分类？

答：地下水中的各种离子、分子及化合物的总量称为总矿化度（简称矿化度），以g/L表示。总矿化度表示水中所含盐分的总量。

地下水按矿化度大小（g/L）可分为五类：淡水（小于1）、微咸水（1~3）、咸水（3~10）、盐水（10~50）、卤水（大于50）。

161.根据基本成因类型，地下水可分为哪几种？

答：现代地下水圈中的水，按其形成条件可划分为外生水和内生水两大基本成因类型。

外生水又可分为渗入成因水和沉积成因水两种类型。渗入水是由大气水或地表水渗入地壳岩石中形成的地下水，而沉积水是在沉积物沉积过程中进入沉积物中的水，其中以海成沉积水分布最广。

内生水是由岩浆作用和变质作用等有关化学反应生成的水，前者称初生水，后者称变质成因水。

162.地下水补给研究的内容有哪些？地下水的补给来源有哪些？

答：地下水补给研究的内容有补给来源、补给条件、补给量。

地下水的补给来源有大气降水、地表水、凝结水、其他含水层或含水系统和人工补给。与人类活动有关的地下水主要补给源有灌溉回归水、水库渗漏水以及专门性的人工补给。

163.影响大气降水补给地下水的因素有哪些？

答：影响大气降水补给地下水的因素有降水特征（降水量、降水强度）、包气带的岩性和厚度、地形、植被等。

降水量大，降水强度适中，包气带岩性粗、厚度小，地形平缓，植被较茂盛时，降水补给地下水的量大；反之，降水量小，降水强度太小或太大，包气带岩性细、厚度大，地形较陡，植被较稀疏时，降水补给地下水的量少。

164.影响河水补给地下水的主要因素有哪些?

答:主要影响因素有透水河床的长度与浸水周界(相当于一个过水断面)、河床透水性(渗透系数)、河水位与地下水位的高差(影响水力梯度)以及河床过水时间。

透水河床的长度与浸水周界的乘积越大,河床透水性越强,河水位与地下水位的高差越大,河床过水时间越长,补给量越大;反之,越小。

165.什么是泉水?

答:泉水是地下水的天然露头,在地面与含水层或含水通道相交处地下水出露成泉。山区及丘陵的沟谷与坡脚常可见泉。而在平原地区很少有。

166.泉的分类及其形成的特点有哪些?

答:根据补给泉的含水层性质,可将泉分为上升泉及下降泉两大类。由潜水或上层滞水补给的泉为下降泉;由承压含水层补给的泉为上升泉。

根据出露原因,下降泉可分为侵蚀(下降)泉、接触泉与溢流泉;上升泉可分为侵蚀(上升)泉、断层泉与接触带泉。

侵蚀(下降)泉:是指当沟谷切割揭露潜水含水层时形成的泉。

接触泉:是指地形切割达到含水层隔水底板时,地下水从两层接触处出露形成的泉。

溢流泉:是指潜水流前方透水性急剧变弱,或隔水底板隆起,潜水流动受阻而涌溢于地表形成的泉。

侵蚀(上升)泉:是指当河流、冲沟等切穿承压含水层的隔水顶板时形成的泉。

断层泉:是指地下水沿导水断层上升,在地面高程低于测压水位处涌溢地表形成的泉。

接触带泉:是指岩脉或侵入体与围岩的接触带常因冷凝收缩而产生隙缝,地下水沿此类接触带上升形成的泉。

167.地下水天然动态类型有哪些?影响地下水动态的主要因素有哪些?

答:潜水与承压水由于排泄方式及水交替程度不同,动态特征也不相同。潜水及松散沉积物中的浅部承压水,可分为三种主要动态类型:蒸发型、径流型及弱径流型;承压水均属于径流型,动态变化的程度取决于构造封闭条件。

影响地下水动态的主要因素有气候因素、水文因素、地质因素和人为因素。

168.孔隙水有何特点?

答:孔隙水是赋存于松散沉积物颗粒构成孔隙之中的地下水。

特点有四个方面:①水量在空间分布相对均匀,连续性好;②孔隙水一般呈层状,分布普遍,埋藏浅,易于开采;③同一含水层中的孔隙水具有密切的水力联系和统一的地下水面;④孔隙水的流动大多数呈层流,符合达西定律。

169.洪积扇中地下水有何特点?

答:洪积扇由山前到平原有如下特点:①地貌上坡度由陡变缓,岩性上由粗变细;②岩层透水性由好变差,地下水位埋深由大变小;③补给条件由好变差,排泄由径流转为蒸发;④水化学作用由溶滤作用为主转为浓缩作用为主,矿化度由小变大;⑤水位动态变化由大变小。

170.冲积平原中地下水有何特点?

答:冲积平原中地下水主要存在于现代河道和古河道的沙层中,因此由河道及古河道向河间洼地有如下特征:①地势变低,岩性由粗变细;②水位埋深由大变小,渗透性由好变差;③补给条件由好变差,排泄由径流为主转化为蒸发为主;④矿化度增大。

171.黄土中地下水有何特点?

答:黄土中地下水有以下特点:①黄土的垂向渗透性比水平渗透性大;②黄土塬中赋存的地下水比黄土梁、峁较为丰富;③黄土中地下水埋深比较大;④黄土中地下水水质较差,矿化度较高。

172.洪积扇中地下水一般分几个带?各带有何特征?

答:洪积扇中地下水一般分三个带。各带特征如下:

潜水深埋带或盐分溶滤带:①位于洪积扇上部,地形坡度较陡,颗粒粗;②具良好的渗透性及补给径流条件和储水空间;③地下水埋藏较深,蒸发作用很弱;④地下水化学成分的形成以溶滤作用为主,水化学

类型多为重碳酸盐水,矿化度低;⑤其水位动态变化大。

溢出带或盐分过路带:①位于洪积扇中部,地形变缓,颗粒变细;②渗透性、补给、径流条件均变差;③由于渗透性变差,地下径流受阻,地下水埋藏浅,蒸发作用加强,潜水位接近地表形成泉和沼泽;④地下水化学类型多为重碳酸硫酸盐水,或硫酸重碳酸盐水为主,矿化度增高;⑤水位动态变化小。

潜水下沉带或盐分堆积带:①位于洪积扇前缘,地形变平,颗粒更细;②渗透性很弱,降水补给量小,径流缓慢使地下水长期处于停滞状态;③由于地表水的排泄和强烈的蒸发作用,地下水埋深又略增大;④地下水化学类型多为氯化物水或氯化物硫酸盐水,矿化度高;⑤水位动态变化小。

173.什么是裂隙水?分哪几类?

答:裂隙水是指赋存并运移于裂隙基岩中的地下水。

裂隙发育的规律首先受其成因控制,因此裂隙水分为构造裂隙水、成岩裂隙水、风化裂隙水三种。

174.裂隙水有哪些特点?

答:①裂隙水的水量在空间分布不均匀,水力联系不统一连续;②裂隙水的分布形式可呈层状,也有的呈脉状;③裂隙水往往无统一的地下水面,可以是潜水,也可以是承压水;④裂隙水流动具有明显的各向异性。

175.什么是岩溶和岩溶水?

答:水(主要是地下水)对可溶岩石进行化学溶解,并伴随以冲蚀作用及重力崩坍,在地下形成大小不等的空洞,在地表造成各种独特的地貌现象以及特殊的水文现象,这种作用及其产生的各种现象,称为岩溶(喀斯特)。赋存并运移于岩溶化岩层中的地下水即为岩溶水(喀斯特水)。

176.岩溶水有哪些特征?

答:①岩溶水空间分布极不均匀,具各向异性;②岩溶水可以是潜水,也可以是承压水;③岩溶水的运动通常是层流和紊流共存;④岩溶水的局部流向和整体流向常常不一致;⑤岩溶水的补给通常以垂直岩溶通道为主,排泄常以泉的形式排泄;⑥岩溶水水位随季节变化大。

177.与地下水有关的环境问题有哪些?

答:①区域地下水位持续下降,开采条件恶化,水源枯竭,土地沙化,植被衰退;②地面沉降及塌陷;③海水、咸水入侵淡水含水层,导致水质恶化;④地下水污染;⑤土壤盐渍化和沼泽化;⑥引起滑坡、地震灾害。

178.水文地质勘察必须查明哪些基本的水文地质条件?

答:①补给条件:包括补给来源、影响补给的因素、补给量及其时间分配等;②排泄条件:包括泉的位置、标高、流量及其动态,潜水的蒸发区、蒸发量及与埋深的关系等;③地下水开发现状:包括开采井的分布、井深、开采量及开采动态;④地下水的水头分布及其动态变化;⑤含水层与含水系统的空间展布范围及几何形状;⑥含水层的导水系数、给水度及储水系数(对于承压水);⑦弱透水层的厚度及渗透系数;⑧边界条件:指含水系统的四周及上下边界的性质、边界数值及其随时间的变化。

179.综合水文地质图通常包括哪些内容?

答:①基岩的时代、岩性、构造;②第四纪沉积的时代、成因类型、岩性;③岩层的含水性及地下水位;④地下水类型及地下水化学成分;⑤与地下水有关的自然地质现象;⑥地表水体及其与地下水的补给排泄关系;⑦与地下水有关的人为设施及人为影响下的水文地质现象(如排水渠系、地下水位开采漏斗等);⑧代表性的井、泉、钻孔等控制性水点,并标出水位、涌水量、化学成分等;⑨水文地质分区,附简要水文地质说明;⑩反映深部地质、水文地质状况,并附钻孔、井、泉及有关实际材料的典型水文地质剖面。

二 工程地质

180.岩石依据其成因可分为哪几类?

答:岩石依据其成因可分为岩浆岩(或称火成岩)、沉积岩、变质岩三大类。

岩浆岩:由岩浆冷凝固结而成的岩石称为岩浆岩。

沉积岩:在常温常压条件下,由风化作用、生物作用和某些火山作用产生的物质经搬运、沉积和成岩等一系列地质作用,在地表和地表下不太深的地方形成的地质体。

变质岩:由变质作用形成的岩石叫变质岩。是指由地球内力(构造运动、岩浆活动或地壳内热流变化等内应力)作用促使岩石发生矿物成分及结构构造变化而形成的岩石。

181.什么是土的结构和构造?

答:土的结构系指土粒的大小、形状、表面特征、相互排列和连结关系。土的构造系指组成土的各种大小不同颗粒按比例关系的排列或结构所确定的特征的总和。

182.什么是地质构造?

答:地质构造指组成地壳的岩层和岩体在内、外动力地质作用下发生的变形,从而形成诸如褶皱、节理、断层、劈理以及其他各种面状和线状构造等。

183.地质构造的基本类型有哪几种?

答:地质构造的基本类型有水平构造、倾斜构造、褶皱构造和断裂构造等。

184.什么是活断层?

答:活断层一般被理解为目前正在活动着,或者近期曾有过活动而不久的将来可能重新活动的断层。关于"近期"的看法不一,有的认为只限于全新世之内(最近 11 000 年),有的则限于最近 35 000 年(以 C^{14}确定绝对年龄的可靠上限),还有的限于晚更新世之内(最近 10 万年)。所谓"不久的将来",一般指的是重要建筑物如大坝、核电站等的使用年限,总的按 100 年考虑较为合适。

185.地震的设计烈度如何确定?

答:在基本烈度的基础上,考虑建筑物的重要性、永久性、抗震性及经济性等要求对基本烈度做出一定的调整,得出的设计烈度。设计烈度的选择应符合相应的规范。

186.地基承载力的确定方法主要有哪些?

答:承载力的确定方法主要为以下三种:①现场试验法,包括载荷试验法、静力触探试验、旁压试验等;②理论公式计算法;③查表法,即根据场地岩土的力学特性参数,考虑修正因素,得出地基承载力。在工程中,现场试验法是最终确定地基承载力的方法。

187.软土地区提高地基承载力主要有哪些方法?

答:换填土法、堆载预压法、重锤夯实法、强夯法、化学加固法、高压喷射注浆法等。

188.根据颗粒级配和塑性指数,土分为哪几类?

答:分为碎石土、砂土、黏性土和粉土。黏性土是塑性指数大于10的土,分为粉质黏土和黏土。

189.什么是土的液限、塑限?

答:液限指黏性土处于可塑状态与流动状态之间的界限含水率,也就是可塑状态的上限含水率,以百分率计;塑限是黏性土处于可塑状态与半固体状态之间的界限含水率,也就是可塑状态的下限含水率,以百分率计。

190.什么是塑性指数(I_p)?

答:塑性指数是黏性土的液限和塑限的差值,实际上反映了土在可塑状态范围内的含水量变化。土颗粒越细,黏粒含量越高,土能够结合水的能力就越强,液限就越大,从而塑性指数就越大。塑性指数可以反映黏性土的性质,工程上可以根据塑性指数的大小,对黏性土进行分类。

191.什么是液性指数(I_L)?

答:液性指数是黏性土的天然含水量与塑限的差值与液限和塑限之差的比值。

当天然含水量小于ω_p(塑限)时,I_L小于0,土体处于坚硬状态。当天然含水量ω大于ω_L(液限)时,I_L大于1,土体处于流动状态。当天然含水量介于ω_p与ω_L之间时,I_L介于0和1之间,土体处于可塑状态。所以,液性指数I_L可以反映黏性土的软硬程度,I_L越大,土越软;I_L越小,土越硬。

工程上可以根据液性指数 I_L 的大小,把黏性土划分为坚硬、硬塑、可塑、软塑、流动五个稠度状态。

192.什么是土壤含水量?

答:土壤含水量是土壤中所含水分的数量。一般指土壤绝对含水量,即 100 g 烘干土中含有若干克水分,也称土壤含水率。

193.什么是土粒比重?

答:土粒比重指土在 105~110 ℃下烘至恒重时的质量与土粒同体积 4 ℃纯水质量的比值。

194.什么是土壤的孔隙比?

答:土壤的孔隙比是土壤中孔隙体积与土粒体积之比,比值越大其压缩性和透水性就越大,强度越低。

195.什么是土壤饱和度?

答:土壤饱和度是指空隙中水的体积占全部孔隙体积的百分比。它表明了土壤的湿度。

196.什么是黏性土的胀缩性?

答:黏性土的体积随含水量的变化而发生胀缩的现象称胀缩性。

197.什么是土体渗透变形?

答:渗透变形(或称渗透破坏)是在渗流动水压力作用下,受各种因素影响或控制的一种工程的或天然的土体破坏变形。渗透变形的形式一般有潜蚀、流砂和接触冲刷。

潜蚀(管涌),指渗流削弱土体内部连结,将土体较细颗粒移动或换走的作用和现象。

流砂(流土),指渗流将土体的所有颗粒同时浮动、流动或整块移动。

接触冲刷,指粗细粒土层接触时,在平行或垂直于接触面的渗流作用下,细颗粒被冲动挟走,以至细粒土层被冲刷掏空,危及建筑物安全。当建筑物与性质相同或不同的土层接触处,由于接触松弛而产生集中渗流所造成的冲刷,也属接触冲刷。

上述三者中的接触冲刷,显然是潜蚀的特殊形式。实际上,渗透破坏仅为流砂和潜蚀两种类型。

198.什么是土体抗剪强度?

答:土体的抗剪强度(τ)是指土体具有的抵抗剪切破坏的极限强度,抗剪强度参数用摩擦系数(ϕ)和黏聚力(c)表示,是工程设计的重要参数。

199.什么是土体凝聚力和内摩擦角?

答:凝聚力是在同种物质内部相邻各部分之间的相互吸引力。

内摩擦角是岩体在垂直重力作用下发生剪切破坏时错动面的倾角。土的内摩擦角反映了土的摩擦特性,一般认为是土颗粒的表面摩擦力和颗粒间的嵌入、联锁作用产生的咬合力。土体强度取决于摩擦强度和黏聚力,摩擦强度又分为滑动和咬合摩擦,两者共同概化为摩擦角。

200.什么是湿陷性黄土?

答:黄土受水浸润后,土体会发生明显变形的黄土称为湿陷性黄土。这种黄土中含有大量可见的大孔隙和竖向连通的缝隙管道以及可溶性盐类物质。

湿陷性黄土又分为自重湿陷性黄土和非自重湿陷性黄土。

201.什么是自重湿陷性黄土和非自重湿陷性黄土?

答:自重湿陷性黄土是指土层浸水后在土层自重作用下也能发生湿陷的黄土,非自重湿陷性黄土是指土层浸水后在外荷载作用下发生湿陷的黄土。

202.水利水电工程建筑材料按材料来源可分为哪几类?

答:按材料来源可分为天然建筑材料和人工材料两类。

天然建筑材料,如常用的土料、砂石料、石棉、木材等及其简单采制加工的成品(如建筑石材等)。人工材料,如石灰、水泥、沥青、金属材料、土工合成材料、高分子聚合物等。

203.什么是天然密度?

答:天然密度指土在天然状态下单位体积的质量,单位为g/cm^3。

204.什么是压缩系数和压缩模量?

答:压缩系数是描述物体压缩性大小的物理量,指在土体固结试验中,土试样的孔隙比减小量与有效压力增加量的比值。

压缩模量是土体在完全侧限条件下，土的竖向应力变化量与其相应的竖向应变变化量之比。

205.工程地质勘察中常用的野外试验有哪几类？

答：工程地质勘察中常用的野外试验有三大类。①水文地质试验：钻孔压水试验、抽水试验、渗水试验、岩溶连通试验等。②岩土力学性质及地基强度试验：载荷试验、岩土大型剪力试验、触探、岩体弹性模量测定、地基土动力参数测定等。③地基处理试验：灌浆试验、桩基承载力试验等。

206.什么是标准贯入试验？

答：标准贯入试验是动力触探的一种，是在现场测定砂或黏性土的地基承载力的一种方法。

207.什么是允许水力坡降？

答：允许水力坡降等于临界水力坡降除以安全系数。

208.什么是压实度？

答：压实度又称夯实度，指的是土或其他筑坝（堤）材料压实后的干密度与标准最大干密度之比，以百分率表示。

209.什么是密实度？

答：密实度是指材料的固体物质部分的体积占总体积的比例，说明材料体积内被固体物质所充填的程度，即反映了材料的致密程度。

210.什么是相对密实度（D_r）？

答：相对密实度（D_r）是无黏性土（如砂类土）最大孔隙比（e_{max}）与天然孔隙比（e）之差和最大孔隙比与最小孔隙比（e_{min}）之差的比值。

三　工程测量

211.水准路线按布设形式分哪几种？

答：水准路线按布设形式分为闭合水准路线、附合水准路线、支水准路线三种。

212.什么是直线的坐标方位角和象限角？

答：直线的坐标方位角是以坐标纵线指北方向为准，顺时针旋转到某直线的水平夹角，其值应位于 0°~360°。

象限角是指某直线与纵坐标所夹的锐角。

213.什么叫控制测量？

答：在测区内选择若干控制点，构成一定的几何图形或折线，测定控制点的平面位置和高程，这种测量工作叫控制测量。

214.什么叫闭合导线和附合导线？

答：由某已知控制点出发，经过若干未知点的连续折线仍回到原已知控制点，形成一个闭合多边形，称为闭合导线。

由某已知控制点出发，经过若干未知点终止于另一已知控制点上，称为附合导线。

215.什么叫三角高程测量？

答：三角高程测量是根据两点间的水平距离和竖直角，利用平面三角计算公式计算两点间的高差，推求待定点的高程。

216.什么叫地形图？

答：将地面上的地物、地貌沿铅垂线方向正射投影到水平面上，并按一定的比例、规定的符号缩绘到图纸上，这种图形叫地形图。

217.什么叫等高线？

答：地面高程相等的相邻点连成的闭合曲线称为等高线。

218.等高线有哪些特性？

答：(1)同一条等高线上各点的高程相等。

(2)等高线是闭合曲线，不能中断(间曲线除外)，若不在同一幅图内闭合，则必定在相邻的其他图幅内闭合。

(3)等高线只有在陡崖或悬崖处才会重合或相交。

(4)等高线经过山脊或山谷时改变方向，因此山脊线与山谷线应和改变方向处的等高线的切线垂直相交。

(5)在同一幅地形图内的基本等高距相同，等高线平距大表示地面坡度小；等高线平距小则表示地面坡度大；平距相等则坡度相同。倾斜平面的等高线是一组间距相等且平行的直线。

219.测量工作的基本原则是什么？

答：(1)从整体到局部：布局上先考虑整体，再考虑局部。

（2）先控制后碎部：测量地物或地貌特征点三维坐标称为碎部测量，碎部测量应在控制点上安置仪器测量，因此碎部测量之前，应先布设控制网，进行控制测量，测量出控制点的三维坐标。

（3）从高级到低级：测量控制网布设时，应按从高等级向低等级的方法布设，先布设一等网，二等网为在一等网的基础上加密，三等网为在二等网的基础上加密，四等网为在三等网的基础上加密。

220.水准仪如何分类？有何作用？

答：水准仪按精度不同划分为 4 个等级，分为普通水准仪（DS3、DS10）和精密水准仪（DS05、DS1）。水准仪按结构分为微倾水准仪、自动安平水准仪、激光水准仪和数字水准仪（又称电子水准仪）。

水准仪用于水准测量，水准测量是利用水准仪提供的一条水平视线，借助于带有分划的尺子，测量出两个地面点之间的高差，然后根据测得的高差和已知点的高程，推算出另一个点的高程。

221.经纬仪如何分类？有何作用？

答：经纬仪按精度从高到低分为 DJ05、DJ1、DJ2、DJ6 和 DJ10 等；根据度盘刻度和读数方式的不同，分为游标经纬仪、光学经纬仪和电子经纬仪。

经纬仪是进行角度测量的主要仪器，包括水平角测量和竖直角测量。另外，经纬仪也可用于低精度测量中的视距测量。

222.电磁波测距仪如何分类？有何作用？

答：电磁波测距仪按其所采用的载波可分为用微波段的无线电波作为载波的微波测距仪、用激光作为载波的激光测距仪、用红外光作为载波的红外测距仪。后两者又统称为光电测距仪，精度分为 4 级。测距仪分为短程（测距 $L \leq 3$ km）、中程（3 km$<L \leq 15$ km）、远程（$L>15$ km）。

电磁波测距仪是用电磁波（光波或微波）作为载波传输测距信号，以测量两点间距离，一般用于小地区控制测量、地形测量、地籍测量和工程测量等。

223.什么是全站仪？有何功能？

答：全站仪是一种集自动测距、测角、计算和数据自动记录及传输功能于一体的自动化、数字化及智能化的三维坐标测量与定位系统。

全站仪的功能是测量水平角、天顶距(竖直角)和斜距,借助于机内固化的软件,可以组成多种测量功能,如可以计算并显示平距、高差以及镜站点的三维坐标,进行偏心测量、悬高测量、对边测量、面积计算等。

224.什么是卫星定位系统?

答:卫星定位系统是具有在海、陆、空全方位实时三维导航与定位能力的系统。以全天候、高精度、自动化、高效益等显著特点,在大地测量、建筑物变形测量、水下地形测量等方面得到广泛的应用。目前,投入使用的有中国北斗卫星导航系统(BDS)、美国全球定位系统(GPS)、俄罗斯格洛纳斯卫星导航系统(GLONASS)、欧盟伽利略定位系统(GALILEO)。

225.什么叫工程测量?

答:工程测量是运用常规大地测量、卫星导航定位测量、摄影测量与遥感、地图制图与地理信息系统、专门测量等测绘技术方法为各种工程的建设和运行管理提供保障与服务。

工程测量主要包括工程控制测量、地形及景观测绘、施工放样与检测、变形测量。

水利工程常见的局部地区或小范围的地形测量,是为满足某一工程如渠道、水库枢纽、扬水站等的设计而进行的测量,比例尺大多在1∶500~1∶5 000。

另外,水利工程常用的施工测量,是将设计图上确定的点位、距离和角度,如实地放到地面上去的测量。

226.开挖工程测量包括哪些内容?

答:开挖工程测量应包括下列内容:开挖区原始地形图和原始断面图测量,开挖轮廓点放样,开挖竣工地形、断面测量和工程量测算等。

227.施工期间外部变形监测包括哪些内容?

答:施工期间外部变形监测应包括施工区的滑坡观测、高边坡开挖稳定性监测、围堰的水平位移和沉陷观测、临时性的基础沉陷(或回弹)和裂缝监测等。

变形观测的基点应尽量利用施工控制网中较为稳固可靠的控制点，也可建立独立的、相对的控制点，其精度应不低于四等网的标准。

228.竣工测量包括哪些主要项目？

答：竣工测量包括以下主要项目：①主要水工建筑物基础开挖建基面的 1∶200～1∶500 地形图（高程平面图）或纵、横断面图。②建筑物过流部位或隐蔽部位形体测量。③外部变形监测设备埋设安装竣工图。④建筑物的各种重要孔、洞的形体测量（如电梯井、倒垂孔等）。⑤根据需要测绘施工区竣工平面图。

229.工程测量新技术有哪些？

答：工程测量新技术有数字化技术、全球定位技术（GPS）、地理信息技术（GIS）、遥感技术（RS）等。

230.什么是数字化测绘技术？

答：数字化测绘技术包括地图数字化技术和数字化成图技术，是一种全解析的计算机辅助出图的方法。数字测绘图是由数据输入、处理和输出三个主要部分构成，并且通过计算机硬件与软件进行地形空间数据的处理。

231.什么是工程测量地理信息技术（GIS）？

答：地理信息技术简称 GIS（Geographic Information System），它集齐了环境科学、计算机科学、空间科学、测绘遥感科学、信息科学、管理科学等学科，是一门新兴技术，集地理数据的采集和处理过程、结果的显示与输出于一体，还具有预测预报、空间提示、辅助决策的功能。借助 GIS 技术、数据库、扫描矢量化等技术，可以为专业的信息系统提供精确的、数字化、标准化的基础空间信息，为管理标准化、科学化、信息化奠定良好的基础。

232.什么是数字摄影测量技术？

答：该技术是以摄影测量与数字影像的原理为基础，并充分利用数字影像处理、计算机技术、模式识别、影像匹配等学科的方法和理论。

航空摄影的测量可大面积进行地籍测量、地形测图，提供数字化地图产品。在全数字的摄影工作站基础上，充分运用 GPS 技术，使摄影测量逐步数字化、自动化，为各行业基础地理信息平台的建立奠定了可靠的基础。

233.什么是遥感技术?

答:遥感技术简称 RS(Remote Sensing),利用飞机、卫星等空间平台上的传感器(包括可见光、红外、微波、激光等传感器),从空中远距离对地面进行观测,根据目标反射或辐射的电磁波,经过校正、变换、图像增强和识别分类等处理,快速地获取大范围地物特征和周边环境信息,获得实时、形象化、不同分辨率的遥感图像,具有探测范围大、资料新颖、成图速度快、收集资料方便等特点,遥感图像具有真实性、直观性、实时性等优点。

234.什么是"3S"集成技术?

答:"3S"技术是地理信息系统、遥感和全球定位系统 3 个名称的英文缩写,"3S"技术的集成是当前测绘技术、摄影测量和遥感技术、地图制图技术、图形图像技术、地理信息技术、计算机技术、专家系统和定位技术及数据通信技术的结合与综合应用。

第三章　防洪排涝综合利用

一 水库大坝

（一）水库

235.什么是水库？

答：水库是用坝、堤、水闸、堰等工程，于山谷、河道或低洼地区形成的人工水域。

水库的作用主要有拦蓄洪水、集中落差、调节河川径流及地下径流，可用于防洪、水力发电、灌溉、航运、城镇供水、养殖、旅游、改善环境等。

根据水库的位置与形态，一般分为山谷水库和平原水库两种。

236.我国水库等级是如何划分的？

答：我国水库等级是按照水库总库容大小进行划分的，具体等级如下：大（1）型：V（总库容）≥10 亿 m^3；大（2）型：1 亿 $m^3 \leqslant V<10$ 亿 m^3；中型：1 000 万 $m^3 \leqslant V<1$ 亿 m^3；小（1）型：100 万 $m^3 \leqslant V<1\ 000$ 万 m^3，小（2）型：10 万 $m^3 \leqslant V<100$ 万 m^3。

237.水库枢纽工程主要由哪几部分组成？

答：水库枢纽工程主要由拦河坝、泄水建筑物和输水建筑物组成。

238.水库主要有哪些泄水建筑物？

答：水库泄水建筑物主要有溢流坝、溢流堰、溢洪道、泄洪隧洞或涵洞、坝内泄水孔、泄水闸等。

239.水库溢洪道由哪几部分组成？

答：水库溢洪道由进水渠、控制段、泄槽、消能防冲设施、出水渠组成。

240.水库的特征水位有哪些?

答:水库的特征水位有死水位、汛前限制水位、正常蓄水位、防洪高水位、设计洪水位、校核洪水位。

水库死水位:指水库正常运用情况下允许水库消落到最低的水位。

汛前限制水位:又称防洪限制水位、汛期控制水位。是水库汛期允许兴利蓄水的上限水位,也是汛期水库防洪调度的起调水位。

水库正常蓄水位:指水库在正常运用情况下,为满足设计的兴利要求,允许达到的最高水位,也叫兴利水位。

水库防洪高水位:指为保证下游防护对象不超过设计洪水位,水库为控制下泄流量而拦蓄洪水,这时在坝前达到的最高水位。

水库设计洪水位:指水库遇到设计洪水时坝前允许达到的最高库水位。

水库校核洪水位:指水库遇到校核洪水时坝前允许达到的最高库水位,也是水库的最高水位。

241.水库的特征库容有哪些?

答:水库的特征库容主要有死库容、兴利库容、防洪库容、调洪库容、总库容等。

死库容:也叫垫底库容,指死水位以下的库容。按保证水库能自流引水灌溉的要求来决定,同时按水库泥沙淤积要求校核死库容是否够用。

兴利库容:为正常蓄水位至死水位之间的水库容积。以灌溉为主的水库,灌溉库容就是兴利库容。可采用简易的调节系数法来确定灌溉库容。当来水量小于用水量时,按来水量确定灌溉库容;当来水量大于用水量时,按用水量确定灌溉库容。

防洪库容:是防洪高水位至防洪限制水位之间的库容。

调洪库容:防洪限制水位至校核洪水位之间的库容。

总库容:是校核水位以下的水库容积。

242.什么是水库日调节、周调节、年调节和多年调节?

答:日调节:是指一昼夜内进行的径流重新分配,即调节周期为24 h。

周调节：调节周期为1周(7 d)的。

年调节：对径流在1年内重新分配，当汛期洪水到来发生弃水，仅能存蓄洪水期部分多余水量的径流调节，称不完全年调节(或季调节)；能将年内来水完全按用水要求重新分配，又不需要弃水的径流调节称完全年调节。

多年调节：当水库容积足够大的，可把多年期间的多余水量存在水库中，然后以丰补欠，分配在若干枯水年才用的年调节，称多年调节。

243.如何确定水库的防洪标准？

答：水库防洪标准是指各种防洪保护对象或工程本身要求达到的防御洪水的标准。通常以频率法计算的某一重现期的设计洪水为防洪标准，或以某一实际洪水(或将其适当放大)作为防洪标准。

244.对水库大坝施工相关单位有哪些管理要求？

答：水库大坝施工必须由具有相应资格证书的单位承担。大坝施工单位必须按照施工承包合同规定的设计文件、图纸要求和有关技术标准进行施工。建设单位、设计单位和监理单位应当派驻代表，对施工质量进行监督检查。质量不符合设计要求的，必须返工或者采取补救措施。

245.谁是水库运行管理和大坝安全管理的第一责任人？

答：水库管理单位行政负责人是水库运行管理第一责任人，也是水库大坝安全管理第一责任人。

(二)大坝

246.大坝按筑坝材料和结构形式各分为哪几类？

答：按筑坝材料可分为土石坝、混凝土坝、浆砌石坝、橡胶坝等；按结构形式可分为均质坝、心墙坝、拱坝、重力坝等。

247.如何划分低坝、中坝、高坝及超高坝？

答：超高坝：$H>200$ m；高坝：70 m$<H\leqslant200$ m；中坝：30 m$<H\leqslant70$ m；低坝：$H\leqslant30$ m。

248.土坝压实质量指标有哪些？

答：有压实度和相对密度，对于黏性土或少黏性土用压实度表达，对于无黏性土用相对密度表达。

249.什么是土坝的浸润线?

答:土坝的土料及坝基总是透水的,当土坝挡水时,上游的水就会通过坝体和坝基土粒的孔隙向下游渗透。渗透水流在坝身中形成的水面,叫作浸润面,它在坝的横断面上成为一条曲线,这条曲线叫作浸润线。浸润线以下的土壤孔隙中全部充满了水。土颗粒处于饱和状态。浸润线愈高,处于饱和状态的土颗粒愈多,对土坝的稳定性愈不利。因此,修筑土坝时,要设法降低浸润线。降低浸润线的方法,除对透水性大的土料采用心墙或斜墙等防渗处理外,一般是在下游坝脚处设置反滤棱体等排水设施。

250.土坝的浸润线如何观测?

答:为了解土坝内浸润线的位置变化,以掌握土坝在运用期间的渗透情况,并监视坝身防渗体有无裂缝,应进行浸润线的观测,观测方法是在坝体内埋设测压管。常用的开敞式测压管主要包括进水管段、导管和管口保护设备三部分。管身材料可为金属管、塑料管或无砂混凝土管。

测压管观测横断面一般布置在最重要、最具代表性而且能够控制主要渗流情况和估计到可能发生问题的地方。在横断面内测压管的数目不少于3根。

251.防止土坝渗透破坏的常用控制措施有哪些?

答:常用控制措施有水平铺盖防渗、垂直防渗、背水坡压重、背水坡导渗和排渗。

252.怎样观测土坝的沉陷?

答:土坝的沉陷观测是在坝顶和坝坡上适当地点安设固定的位移标点,通常采用水准仪进行观测。

253.土坝反滤棱体的组成和作用是什么?

答:反滤棱体由块石和反滤层组成。它的作用是:①排除坝内的渗透水,降低浸润线的位置;②防止渗透水流出时带走土壤细小颗粒,避免管涌发生;③对下游坝体起支撑作用,提高坝的稳定性;④防止下游河水淘刷坝坡。

254.什么是临界水力梯度?

答:临界水力梯度是指渗流出逸面处开始发生流土或管涌时的水力梯度。

255.砂土的渗透系数与临界水力梯度是什么关系?

答:砂土的渗透系数越大,产生管涌的临界水力梯度越小。

256.哪些因素可能导致土体滑坡?

答:可能导致土体滑坡的因素有:边坡开挖导致的平衡状态的改变;坡顶超载导致下滑力的增加;降雨等因素导致土体重力增加和土体抗剪强度降低。

257.土石坝由哪几部分组成?

答:土石坝由坝壳、防渗体、排水设施和护坡等四部分组成。坝壳是土石坝的主体,坝的稳定主要靠它来维持;防渗体的作用是降低浸润线,防止坝体渗透破坏、减少渗流量;排水设施的主要作用是安全排除渗漏水,增加坝体和下游坝坡的稳定性,降低扬压力;护坡的作用是防止波浪、冰层、温度变化、降雨和水流对坝坡的破坏。

258.土石坝有哪些优缺点?

答:土石坝是土坝与堆石坝的总称。土石坝历史悠久,在国内外广泛采用。其优点是:①就地取材;②结构简单,便于维修和加高、扩建;③对地质条件要求较低,能适应地基变形;④施工技术较简单,工序少,便于组织机械化快速施工;⑤有较丰富的修建经验。

其主要缺点在于:①坝身不能溢流,需另设溢洪道;②施工导流不如混凝土坝方便;③黏性土料的填筑受气候条件的影响大等。

259.碾压土石坝有哪三种基本形式?

答:①均质坝;②土质防渗体分区坝;③非土质材料防渗体坝。

260.采用土石坝临时断面过水应注意哪些问题?

答:①加强下游边坡防渗和防冲保护或做成专门的溢流堰;②靠近岸边的溢流体堰顶高程应适当抬高,以减轻岸坡冲刷;③溢流堰体顶做成反坡式坝面以避免坝面冲淤;④合理选择坝面保护形式,防止淤积物渗入坝体,特别应注意防渗体、反滤层的保护;⑤必要时上游设置拦洪设施,防止漂木、杂物淤积坝面,撞击下游坡。

261.重力坝由哪几部分组成？

答：重力坝包括非溢流坝和溢流坝。

非溢流坝包括坝身、坝体防渗和排水设备、坝身泄水孔、坝内廊道、坝基防渗和排水设备、防浪墙和坝顶道路等。

溢流坝的组成除非溢流坝包括的内容外，还有交通桥、工作桥、消能设施等。

262.重力坝受力特点是什么？

答：重力坝在水压力及其他荷载下，主要依靠坝体自重产生的抗滑力来满足稳定要求，同时依靠坝体自重产生的压应力来抵消由于水压力所引起的拉应力以满足强度要求。

263.重力坝常用的筑坝材料有哪些？

答：重力坝常用筑坝材料为混凝土和浆砌石。

264.拱坝由哪几部分组成？

答：拱坝一般多在坝顶溢流，其组成包括坝身、坝体防渗结构、溢流堰、交通桥等。

当一岸或两岸地形不够高或地质条件较差时，还需在坝顶两端设置重力墩，以保证拱坝的稳定。

265.拱坝的受力特点是什么？

答：拱坝是指固接于基岩的空间壳体结构，在平面上呈拱向上游的拱形，其拱冠剖面呈竖直或向上游凸出的曲线形，坝体结构既有拱作用又有梁作用，其所受水平荷载一部分通过拱的作用压向两岸，另一部分通过竖直梁的作用传到坝底基岩，坝体的稳定主要依靠两岸拱端的反力作用，并不全靠坝体自重来维持。

266.水利工程中启闭机主要包含哪些形式？

答：启闭机主要包括固定卷扬式启闭机、液压启闭机、螺杆式启闭机、移动式启闭机（包括门式启闭机、桥式启闭机和台车式启闭机）。

二 防汛抗旱

(一)防洪抢险

267.什么是汛？什么是汛期？

答：汛指定期涨水，即由于降雨、融雪、融冰，使江河水域在一定的季节或周期性的涨水现象。

江河湖泊水在一年中有规律显著上涨的时期，称汛期。季节性涨水的河湖中出现大洪水最多的时段称为主汛期。

268.什么是防汛？

答：为防止或减轻洪水灾害，在汛期采取的防御洪水的措施，称防汛。可分为工程防汛措施(如防洪堤、防洪水库等)和非工程防汛措施(如防汛组织、防汛责任制度、洪水监测和预报、抢险队伍、防汛物料、防汛通信等)。

269.什么是洪灾？

答：洪灾是由于江、河、湖、库水位猛涨，堤坝漫溢或溃决，水流入境而造成的各种灾害。

270.什么是防洪？

答：防洪指研究洪水规律与洪灾特点，并采取各种对策，以尽量减轻或防止洪水危害的一项水利工作。

271.什么是警戒水位？

答：警戒水位指江河漫滩行洪、堤防可能发生险情，需要开始巡堤查险、加强防守时的水位。

272.什么是保证水位？

答：保证水位指能保证防洪工程或防护区安全运行的最高洪水位。

273.什么是防洪区、洪泛区、蓄滞洪区？

答：防洪区指洪水泛滥可能淹及的地区，分为洪泛区、蓄滞洪区和防洪保护区。

洪泛区指尚无工程设施保护的洪水泛滥所及的地区。

蓄滞洪区指包括分洪口在内的河堤背水面以外临时蓄存洪水的低洼地区及湖泊等。

274.什么是防洪保护区?

答:防洪保护区指在防洪标准内受防洪工程设施保护的地区。

275.防汛责任制包括哪些?

答:防汛责任制包括行政首长负责制、分级责任制、分包责任制、岗位责任制、技术责任制。

276.什么是渗透、渗流和渗漏?

答:液体或气体在微小的多孔体中的移动称渗透;移动的水流称渗流;渗透水流的溢出现象称渗漏。

277.什么是散浸(渗水)?

答:散浸一般叫"堤出汗",是指河水上涨,堤身泡水,水从背水坡或背水坡脚附近渗出。当高水位持续时间过长,散浸范围将沿背水坡上升、扩大,如不及时处理就会发生脱坡、管涌、漏洞等险情。

278.什么是内脱坡?

答:内脱坡指当堤背水坡发生严重散浸时,得不到及时处理,则在散浸堤段的堤顶或内肩、内坡,发生向堤角下挫的弧形裂缝,随着土壤结构被破坏,内坡就整块地向下滑动,形成滑动部分下挫、坡脚土壤上鼓的现象。

279.什么是管涌?

答:管涌是指在渗透水流作用下,在无黏性土或黏性很小的土体中,土的细小颗粒,通过粗大颗粒的孔隙,发生移动或被逐渐冲走的现象。

280.什么是流土?

答:在渗流作用下,土体从坝身或坝基表面被掀起浮动的现象称为流土。流土现象主要发生在黏性土及较均匀的非黏性土体的渗流出口处。

281.什么是堤防漏洞?

答:在汛期或高水位情况下,堤防偎水时间长时,背水坡及坡脚附近出现横贯堤身或堤基的流水孔洞,称为漏洞。由于洞周土体浸泡时

松散崩解,或产生局部滑动,或堤身填土含沙重,土体可能被漏水带出,使漏洞变大。这时,漏水转浑,发展成为浑水漏洞。如不及时抢救,则将迅速发展成为堤防决口。

282.什么是跌窝?

答:跌窝指汛期堤身或外滩发生局部塌洞。发生跌窝的原因有:白蚁、蛇、鼠、獾之类在堤内打洞;筑堤时土块架空未经夯实,遇河水高涨,河水灌入;雨水浸泡使洞周土体浸软而形成局部陷落。

283.什么是土的液化?

答:饱和松散的砂土,受到突然震动时,土粒会散开悬浮在水中,使土变得像液体一样,失去承载能力,这种现象叫作土的液化。其本质是震动使液体隔离了固体(土粒)而成为承载主体。

284.什么是山洪?

答:山洪指由于暴雨、拦洪设施溃决等,在山区沿河流及溪沟形成的暴涨暴落的洪水及伴随发生的滑坡、崩塌、泥石流的总称。其中暴雨引起的山洪最为常见。

285.什么是山洪灾害?

答:山洪灾害指由山洪暴发而给人们带来的危害,包括溪河洪水泛滥、泥石流、山体滑坡等造成的人员伤亡、财产损失、基础设施毁坏及环境资源破坏等。

286.什么是山洪危险区?

答:山洪危险区指山洪暴发后被淹没及可能产生山体崩塌、滑坡泥石流等灾害,严重威胁人类和房屋、道路、农田等基础设施安全,可能造成巨大损失的生产生活区域。

287.什么是山洪警戒区?

答:山洪警戒区指高出危险区,位于10年一遇到100年一遇洪水线之间的区域。

288.什么是山洪安全区?

答:山洪安全区指不受稀遇洪水影响,难以发生灾害,同时地质结构比较稳定,可供人们临时或永久居住、生产、生活的区域。

289.什么是超标准洪水?

答:超标准洪水是指超过防洪系统或防洪工程设计标准的洪水。

290.城市防护区根据什么指标划分防护等级?

答:根据《防洪标准》(GB 50201—2014)4.2.1 条规定:城市防护区应根据政治、经济地位的重要性和常住人口或当量经济规模指标分为4个防护等级,即特别重要、重要、比较重要、一般4个等级,其重现期分别对应为≥200年、200~100年、100~50年、50~20年。

291.城市涝区的设计暴雨重现期如何划分等级?

答:根据《治涝标准》(SL 723—2016)5.0.2 条规定:城市涝区根据其政治、经济地位的重要性和常住人口或当量经济规模指标分为特别重要、重要、一般3个等级,其重现期分别对应为≥20年、20~10年、10年。

292.什么是防洪设计标准?

答:进行水库规划时,必须考虑到水库的防洪任务,不同地区各水库所应担负的防洪任务的大小,由防洪设计标准来确定。水库防洪的设计标准包括两部分,一种是水库枢纽本身防洪安全的标准,这种标准常以一定频率的洪水来表示。它根据工程规模和重要性,将工程划分为不同等级而采用相应的不同频率的洪水作为设计的依据。另一种是保障下游地区防护对象免受洪水灾害的防洪标准,通常也是用一定频率的洪水来表示。

293.防洪工作应当遵循什么原则?

答:根据《中华人民共和国防洪法》,应遵循“全面规划、统筹兼顾,预防为主、综合治理,局部利益服从全局利益”的原则。

294.什么是防洪规划?

答:防洪规划是在研究流域洪水特性及其影响的基础上,根据流域自然地理条件、社会经济状况和国民经济发展的需要,确定防洪标准,通过分析比较,合理选定防洪方案,从而确定工程和非工程措施。防洪规划是江河、湖泊治理和防洪工程设施建设的基本依据。

295.编制防洪规划的原则是什么?

答:编制防洪规划,应当遵循“确保重点、兼顾一般,防汛和抗旱相

结合,工程措施和非工程措施相结合”的原则,充分考虑洪涝规律和上下游、左右岸的关系以及国民经济对防洪的要求,并与国土规划和土地利用总体规划相协调。

296.防御洪水方案的编制依据是什么?

答:根据流域综合规划、防洪工程现状和国家规定的防洪标准制定。

297.什么是防汛“三个重点环节”?

答:防汛“三个重点环节”是水情预测预报方案、运行调度方案、应急处置预案。

298.防汛抗洪“两个坚持、三个转变”指什么?

答:“两个坚持”是坚持以防为主、防抗救相结合,坚持常态减灾和非常态救灾相统一。

“三个转变”是从注重灾后救助向注重灾前预防转变,从应对单一灾种向综合减灾转变,从减少灾害损失向减轻灾害风险转变。

299.防汛抗洪“三确保,一减少”指什么?

答:在设防标准内,确保中小型水库不垮坝,确保主要河流不决口,确保重要城市和重要水利设施防洪安全,努力把灾害风险和灾害损失减少到最低程度。

300.防汛抗洪“六个务必到位”“四不”“四预”指什么?

答:“六个务必到位”:预警监测务必到位、全面摸排务必到位、严密防范务必到位、力量储备务必到位、指挥调度务必到位、应急处突务必到位。

“四不”:确保人员不伤亡、水库不垮坝、重要堤防不决口、重要基础设施不受冲击。

“四预”:预报、预警、预案、预演。

301.河道防汛水位一般分为哪三个等级?

答:根据水位高低及其对堤防安全的威胁程度,河道防汛水位一般分为设防水位、警戒水位、保证水位。

302.防洪工程主要包括哪些类型?

答:防洪工程主要包括水库工程、堤防工程、分蓄洪工程等。

303.常见的堤防险情有哪几种？

答：常见的堤防险情有堤防管涌、渗水、漏洞、脱坡、跌窝、裂缝、坍塌、崩岸、漫溢、决口等，以及穿堤建筑物险情。

304.堤坝管涌险情的抢护措施是什么？

答：制止涌水带沙，同时留有渗水出路。

305.堤坝裂缝的抢护措施是什么？

答：裂缝抢护的措施有开挖回填、槽墙隔断、封堵缝口等。

首先要判明产生裂缝的主要原因，属于滑坡的纵向裂缝或不均匀沉陷引起的横向裂缝，应先从抢护滑坡或裂缝着手；属于横向裂缝，如已贯穿堤身，水流易于穿过，必须及时抢护。如部分贯穿堤身，也会缩短渗径，抬高浸润线，危及安全，因此对横向裂缝，不论是否贯穿堤身，都必须及时抢护。对于纵向裂缝，如较宽、较深，也应及时处理。如裂缝较窄、较浅或龟纹裂缝，一般可不处理，但应堵塞缝口，以免雨水进入，随时要注意观察。

306.堤坝漫溢的抢护措施是什么？

答：抢护措施有土料子堤、土袋子堤等。发生堤坝漫溢时，要迅速加高堤坝，以免漫顶溃决。如果堤坝来不及全部加高培厚，则根据预报和河库的实际情况，抓紧一切时机，尽全力在堤坝顶部抢筑子堤，要全段同时开工，分层填筑，不能等筑完一段再筑另一段，以免洪水从低处漫进。

307.洪泛区、蓄滞洪区内非防洪项目立项前置审批条件有哪些？

答：在洪泛区、蓄滞洪区内建设非防洪建设项目，应当就洪水对建设项目可能产生的影响和建设项目对防洪可能产生的影响做出评价，编制洪水影响评价报告，提出防御措施。洪水影响评价报告未经有关水行政主管部门审查批准的，建设单位不得开工建设。

308.防汛抢险预案包括哪些方面？

答：防汛抢险预案包括水库工程抢险方案，堤防工程抢险方案，抢险队伍组织方案，山地防御泥石流抢险方案，当地驻军、武警、预备役联防方案等。

309.洪涝灾害按成因可以分为哪几种？

答：洪涝灾害按成因可以分为暴雨洪水、融雪洪水、冰凌洪水、风暴潮洪水等。

310.汛期如何避险？

答：(1)汛期出行，要合理规划行程，尽量避免在雷雨天气出行，或者选择绕避路线，远离河道、山区。不要在地下人行通道、地下商场、地下车库等内涝高发地驻留，不要在积水路段行走，不要靠近有旋涡的地方，防止跌入水井、地坑。

(2)居住在低洼地区的居民，可以提前筑高门槛或在门外放置沙袋，防止积水入侵。若积水进屋，要及时切断电源和气源。

(3)养成汛期关注天气预报、山洪预警的生活习惯，做到随时掌握天气变化，做好家庭防护准备，确保安全。

(4)碰到险情有通信条件的，可利用通信工具向110或119报告洪水态势和受困情况，寻求救援。千万不要游泳逃生，不要攀爬带电的电线杆、铁塔，也不要爬到土坯房的屋顶。

311.住宅被淹后如何避险？

答：一是安排家人向高地、避洪台转移，或立即爬上屋顶、大树、高墙等暂避(泥坯屋、墙不可；带电的电线杆、铁塔不可)；二是想方设法发出呼救信号；三是利用救生器材或门板、桌椅、大床、大块泡沫塑料等飘浮材料扎成筏体，转移到较安全的地方。

312.遭遇山洪时如何躲避？

答：(1)溪河洪水迅速上涨时，不要沿着河谷跑，应向河谷两岸高处跑。

(2)山体滑坡时，不要沿滑坡体滑动方向跑，应向滑坡体两侧跑。

(3)不要在大树、陡崖或易滑区避雨。不要轻易过河，要等河水消退后过河，或长距离绕行过河。

(4)暴雨过后，洪水并未完全消退，不要立刻到河道、沟谷、水库、塘坝、谷坊等危险地带和土质松软地带作业或玩耍。

313.山洪发生前个人应做好哪些准备工作？

答：(1)平时应该尽可能多地了解山洪灾害防御知识，掌握自救逃生的本领。

(2)观察、熟悉周围环境(特别是在陌生环境里),预先选定好紧急情况下躲灾避灾的安全路线和地点。

(3)多留心注意山洪可能发生的前兆,动员家人做好随时安全转移的思想准备。

(4)一旦情况危急,及时向主管人员和邻里报警,先将家中老人和小孩转移至安全处。

314.按成因划分,山洪有哪些类型?

答:按照其成因,山洪可分为以下类型:暴雨型山洪、融雪型山洪、冰川融化型山洪、拦洪设施溃决型山洪。由两种或两种以上原因引起的称混合型山洪。

315.山洪灾害防御"九个一"是什么?

答:山洪灾害防治区的每个行政村要建立1个简易雨量监测报警站,明确1名报警员,配备1套简易的报警设备,编制1个村级应急撤避预案,确定1处避灾安置点,制作1个宣传告示栏,每户发放1张明白卡,至少搞1次培训,至少搞1回演练。

316.山洪灾害的特点是什么?

答:山洪灾害的特点是季节性强,频率高;区域性明显,易发性强;来势迅猛,成灾快;破坏性强,危害严重。

317.山洪灾害的种类有哪些?

答:山洪灾害的种类有溪河洪水、泥石流、滑坡。

318.防御山洪灾害的工程措施有哪些?

答:山洪灾害防治的工程措施主要包括山洪沟治理、泥石流沟治理、滑坡治理、病险水库除险加固、水土保持等。

319.防御山洪灾害的非工程措施主要有哪些?

答:防御山洪灾害的非工程措施主要有:建设监测、通信、预警系统,强化山洪灾害防御责任制体系,完善防御预案,宣传防御山洪知识。

(二)防凌抢险

320.什么是凌汛?

答:凌汛是冬春季节江河水流受冰凌阻碍,而引起的明显涨水现象。

321.凌汛主要发生在什么区域?

答:凌汛发生在我国北纬30°以北的河流,在寒冷季节里都有不同程度的冰情现象。

322.凌汛生成的条件是什么?

答:凌汛生成的条件:一是河道有足够的流水量;二是有适宜卡冰的气候因素;三是具有阻塞冰凌的河势条件。

323.凌汛会产生哪些危害?

答:凌汛对于水利(含防洪工程)、航运、交通、水力发电、供水、排水等影响很大,某些河流常因冰塞,冰坝壅高水位造成凌洪,甚至决口,使广大人民群众的生命财产、工农业生产遭受严重损失。

324.冰情演变过程分为哪几个阶段?

答:冰情演变过程分为结冰期、封冻期和开河期三个阶段。

325.结冰期的主要冰情现象是什么?

答:结冰期的主要冰情现象是:①冰针、冰淞与棉冰;②岸冰;③水内冰,河底冰;④流凌;⑤封河。

326.封冻期的主要冰情现象是什么?

答:封冻期的主要冰情现象是:①冰塞;②清沟;③冰盖增厚;④槽蓄量增加。

327.开河期的主要冰情现象是什么?

答:开河期的主要冰情现象是:①冰色变白、冰上流水;②冰盖减薄、脱岸、再生清沟;③冰体变色、冰裂、滑动、冰凌消失;④文开河;⑤武开河;⑥冰坝。

328.什么是文开河?

答:文开河是指河流上下游气温相差不多,当气温回升到0 ℃以上,以热力因素为主的作用下,冰体自然消融解冻,不产生较大的冰凌堵塞。

329.什么是武开河？

答：武开河是指河流上下游气温相差很大，当上游河段已开河，而下游河段的冰盖水质尚坚硬，从热力因素开始，以水流动力作用为主的开河。

330.什么是冰塞？

答：冰塞是指大量的冰花、碎冰，阻塞过水断面，上游水位显著壅高的现象。

331.什么是冰坝？

答：冰坝是指大量流冰在河道内受阻，产生堆积，横跨断面，形成的冰凌阻水体。

332.冰塞和冰坝的区别是什么？

答：区别是：冰塞多发生于封冻初期，冰坝多发生于解冻期；冰塞多由冰花、冰屑和碎冰组成，冰坝则由较大的冰块组成；冰塞稳定时间较长，可达数月，冰坝稳定时间较短，一般仅有几天，个别达几十天。

333.冰塞的抢险方法有哪些？

答：冰塞的抢险方法主要有：一是修建防冰建筑和人工冰栅；二是破冰和割冰；三是采用爆破法。

334.冰坝的抢险方法有哪些？

答：冰坝的抢险方法主要有：一是用上游水库放水增大动能冲击冰坝；二是利用爆破技术破坏冰坝头部关键部位；三是利用爆破破除下游未解体的冰盖。

335.黄河凌汛的主要灾害包括哪些？

答：黄河凌汛的主要灾害包括冰塞、冰坝和冰凌撞击等。

（三）抗旱

336.什么是墒情？

答：墒是指土壤适合种子萌发和植物生长的湿度。墒情是指土壤湿度情况。

337.什么是干旱?

答:干旱是由水分的收与支或供与需不平衡形成的水分短缺现象。通常指淡水总量少,不足以满足人的生存和经济发展的气候现象。

338.什么是抗旱?

答:抗旱是通过采取工程措施或非工程措施,预防和减轻干旱灾害对生活、生产和生态造成不利影响的活动。

339.旱情划分为哪几个级别?

答:根据受旱范围、受旱程度,将旱情划分为轻旱、中旱、严重干旱、特大干旱四个级别,依次确定为Ⅳ、Ⅲ、Ⅱ、Ⅰ四种抗旱等级。

340.抗旱用水原则是什么?

答:按照"先生活、后生产,先地表、后地下,先节水、后调水"的原则,优先保证城市生活供水和农村人畜饮水。

三　除涝排渍

341.什么是涝灾?

答:涝灾是由于本地降水过多,地面径流不能及时排除,农田积水超过作物耐淹能力造成农业减产或失收的灾害。

342.什么是城市内涝?

答:降雨超过城市排水能力会致使城市内产生积水,这种现象就是我们通常所说的城市内涝。

343.什么是渍害?

答:因降雨而致地下水位过高,土壤长期处于水分饱和状态,使根系缺氧受害发育不良而危害作物正常生长的灾害。

344.什么是土壤盐碱化?

答:因地下水位升高,且地下水矿化度较高时,由于潜水蒸发强度大,水分蒸发后,盐分累积在土壤表层,造成土壤盐碱化。

345.排水设计标准包括哪些?

答:排水设计标准包括排涝标准、排渍标准和防治盐碱化的排水标准。

346.排涝标准是什么?

答:排涝标准是指将一定重现期的暴雨在一定时间内排至作物耐淹深度以下,包括暴雨重现期、暴雨历时和排水时间三个指标。

347.排渍标准包括哪些内容?

答:排渍标准包括作物生长期内防治渍害和土壤盐碱化所要求的地下水位控制深度标准、暴雨形成的地面水排除后地下水位降落速度标准、稻田适宜渗漏量标准和满足机械耕作的地下水位控制深度标准。

348.盐碱化威胁的地区通常以什么作为排水工程设计标准依据?

答:在有盐碱化威胁的地区,通常以地下水临界深度作为排水工程设计标准依据。

第四章　灌溉工程

一 泵站和机井

349.灌溉泵站由哪几部分组成?

答:主要由进水建筑物、泵房(机电设备)、出水建筑物、变电站和管理用房等组成。

350.选择站址时要注意哪些问题?

答:(1)泵站位置应选在有利于控制提水灌溉范围,使输水系统比较经济的地点。

(2)泵站应选在水质好、水源可靠的地方,在枯水期仍能有水可抽。

(3)要求地形开阔,有利于建筑物布置,减少开挖土方量,要有利于通风采光,便于车辆出入。

(4)地基要坚实。

(5)电力泵站应尽量靠近电源,以减少输电线长度。

(6)交通运输要方便,尽量靠近村舍。

351.什么是浮体式泵站?

答:将水泵机组安装在浮船、浮筒等浮体之上,用于抽取水源表层水的一整套可移动式抽水站,可不受水位涨落变化等不稳定影响实现连续取水。一般由水泵、浮体、输水管道、活动接头、工作桥等组成,无泵房。适应于水位变幅较大、水源位置不稳定的河流、水库等水源取水,尤其适应多泥沙水源取水。

352.什么是浮船式泵站?

答:为适应水源水位变化,将水泵机组安装在囤船上的一种用于抽取水源表层水的移动式抽水站。一般由囤船、水泵机组、管路、系缆桩、绞盘等组成。适应于水位变幅较大、水源位置不稳定的河流、水库等水源取水，尤其适应多泥沙水源取水。

353.什么是缆车式泵站？

答：为适应水源水位变化，将水泵机组安装在由岸上牵引设备系吊的缆车上的一种用于抽取水源表层水的移动式抽水站。一般由坡道、泵车、绞车房、配电间、管路等组成。适应于水位变幅较大的河流、水库等水源取水。

354.什么是泵站取水建筑物？

答：泵站取水建筑物是直接从水源取水的水工建筑物，如进水闸、取水塔和取水首部等。

355.什么是泵站引水建筑物？

答：泵站引水建筑物是从水源或取水建筑物引水至泵站前池（进水池）的输水工程设施，如引水渠、引水隧洞和引水涵管等。

356.什么是泵站进水建筑物？

答：泵站进水建筑物是为泵站运行提供良好进水流态，在泵房进水侧修建的建筑物，如前池、进水池（室）、进水流道等。

357.泵站前池的作用是什么？

答：泵站前池是引水渠与进水池之间的衔接建筑物。前池是引渠和进水池连接处的扩散段，它具有平顺和扩散水流的作用。

358.泵站前池有哪几种形式？

答：前池的形式按照水流从前池进入进水池的方向来分，主要有正向进水前池和侧向进水前池。

359.泵站进水池的作用是什么？

答：泵站进水池是连接泵站前池与水泵的水工建筑物，是抽水泵吸水管吸水的水池，其作用是使水流稳定，防止水位和流速产生过大变化时在吸水管口产生旋涡冲击，将空气吸入泵管影响水泵的效率。

360.泵站进水池有哪几种形式？

答：泵站进水池主要有矩形、圆形、椭圆形等。

361.泵站出水池的作用是什么？

答：泵站出水池也叫压力水池，是连接压力水管和渠道的衔接建筑物。其作用是消能稳流，把压力水管射出的水流平顺均匀地引入渠道

中，以免冲刷渠道。

362.泵站出水池有哪几种形式？

答：泵站出水池按管口出流方向与池中水流输送方向的异同分为正向出水池和侧向出水池。

363.出水池按管口出流不同可分为哪几种形式？

答：出水池按照管口出流方式不同可分为淹没式出流、半淹没式出流和自由出流三种。

364.什么是水泵性能曲线？有什么用途？

答：额定转速下，水泵的扬程、轴功率、效率与流量之间的关系曲线即为水泵性能曲线。

水泵性能曲线用途有：

(1)根据水泵性能曲线可以了解各个性能间的变化规律，便于选择及使用水泵。

(2)根据水泵性能曲线可以确定水泵工作点，检查水泵流量或扬程的大小，功率配套是否合适，判断水泵的经济性能好坏。

(3)根据水泵性能曲线可编制水泵性能表，提供铭牌数据，确定水泵工作范围。

365.什么是水泵气蚀？有什么危害？

答：气蚀是由于水的汽化而引起的一种剥蚀现象。如果气泡在金属表面破裂，其冲击力就作用在金属表面上，在这种冲击力的反复作用下，金属表面很快出现麻点，继而变成蜂窝状，甚至大片脱落而破坏，这就是气蚀现象。气蚀不但使水泵的性能下降，产生噪声和振动，而且使水泵过流部件遭到破坏，影响泵的寿命，严重时使泵无法工作。

366.怎样选择水泵配套电动机？

答：电动机的选择，应根据电源容量大小和电压等级、水泵配套功率和转速等条件来确定所需要的电动机类型、容量、电压和转速等工作参数。在选择功率时，应在水泵轴功率值的基础上乘以防止电动机超载的安全备用系数，一般为1.05~1.15。

367.泵站真空泵有什么用途？

答：真空泵是指利用机械、物理、化学或物理化学的方法对被抽容器进行抽气而获得真空的器件或设备。真空泵主要用于正吸程泵站抽吸泵壳和吸水管内的空气,达到水泵充水排气的目的,以便水泵启动。

368.什么是泵站的技术供水系统?

答:供给水泵水封用水、轴承冷却用水、水环式真空泵用水等称为泵站的技术供水系统。

369.泵站技术供水水源有哪些?

答:①井水;②浑水经沉淀池沉淀;③其他清水水源。

370.泵站供水系统包括哪几个方面?

答:泵站供水系统包括技术供水、消防供水、生活供水。

371.什么是水泵负吸程进水?

答:水泵负吸程进水即进水池水位高于水泵泵壳顶端高程的一种进水方式。

372.水泵负吸程进水有什么优缺点?

答:优点是减少了抽真空装置,水泵的启动变得灵活而方便。缺点是进水池与厂房间需做好挡水防渗措施,可能会增加投资。

373.泵站工程的机械设备主要包括哪些?

答:泵站工程的机械设备包括主机组及辅助设备等。主机组包括主水泵、动力机及传动装置。辅助设备包括抽真空设备、供水设备、排水设备、供油设备、通风设备、起重设备等。

374.泵站工程的电气设备主要包括哪些?

答:泵站工程的电气设备包括输电线路、变压器、高低压开关柜、励磁装置或无功补偿装置、直流装置、继电保护装置或微机保护装置和控制柜等。

375.泵站工程的金属设备主要包括哪些?

答:泵站工程的金属结构设备包括闸门及启闭设备、断流装置、拦污清污设备等。

376.泵站压力管道有哪些铺设方式?

答:根据管材、地基和管径等情况,常见的管道铺设方式有露天式和埋置式两种。

377.什么是管道的经济流速?

答:管道经济流速是指在设计供水管道的管径时使供水的总成本最低的流速。

378.常见的农用水泵主要有哪些?

答:常见的农用水泵主要有离心泵、轴流泵、混流泵、井用泵、潜水泵等。

379.水泵铭牌上标出的参数含义是什么?

答:水泵铭牌上标出的值是由水泵性能曲线确定的,它是性能曲线上效率最高点相对的各坐标参数值。

380.水泵性能参数有哪些?

答:共6个,分别为流量、扬程、功率、效率、转速、允许吸上真空高度。

381.什么是水泵总扬程?

答:水泵总扬程等于地形扬程(水泵净扬程)与管路损失扬程之和。

382.什么是水泵净扬程?

答:水泵的实际提水高度即为水泵净扬程。

383.什么是水泵损失扬程?

答:水泵的管路水头损失即为水泵损失扬程,包括管路沿程损失和局部损失。

384.导致水泵效率低下的原因主要有哪些?

答:有气蚀、水流紊乱、离心泵吸水管漏气、进水口淹没深度不足、进水管口堵塞进水不畅、各种损失较大等,从而导致水泵工作点偏离高效区,效率低下。

385.泵站装置效率由哪几部分效率组成?

答:由水泵效率、动力机效率、管路效率、传动效率、进出水池效率等部分构成。

386.并联抽水装置与串联抽水装置在参数选择上有何不同?

答:两台以上(含两台)水泵的出水管汇合为一条出水管道的抽水装置即为并联装置;前一台水泵的出水管与后一台水泵的进口相连接

的抽水装置即为串联装置。并联水泵扬程相等,串联水泵流量相同。

387.泵站的管路组成分为哪两部分?

答:泵站的管路按工作性质分为进水管和出水管(或吸水管和压力管)。

一般多用钢管、铸铁管、预应力钢筋混凝土管、塑料管等。

388.镇墩在管道运行中起什么作用?

答:镇墩是用来固定管道,使管道在任何方向不发生位移的混凝土或砌石体。主要设置在管身变坡及转弯处或较长管身的中间,以连接和固定管道,承受管道传来的荷载。

389.什么是水锤?有什么危害?

答:压力管道中的水流流速急剧变化时,由于水流的惯性作用而产生的冲击现象称为水击或水锤,这种冲击造成的压力称水击压力或水锤压力。水锤压力会造成管道破裂,影响泵站安全运行。

390.管道伸缩节的作用是什么?

答:管道伸缩节是一种用于减少管道因温度变化而引起的应力和变形并可以伸缩的短管。其作用是防止管道因温度变化而导致的结构损坏,保证管道的安全运行。

391.高低压线路如何划分?

答:1 kV 以下的线路为低压线路,1 kV 及以上的线路为高压线路。

392.架空线路主要由哪几部分组成?

答:架空线路主要由导线、电杆、横担、绝缘子、金具和拉线等组成。

393.电缆的主要结构是什么?

答:导体、绝缘层、保护层、电缆头等。

394.按国家规定,交流母线的三相分别是什么颜色?

答:A 相为黄色,B 相为绿色,C 相为红色。

395.泵站电气回路由哪些设备组成?

答:泵站电气回路中的设备有电动机、变压器、输电线路(称母线)、断路器、隔离开关等。

396.高压开关柜由哪几部分组成?

答:①母线和母线隔离开关;②断路器及其操动机构;③隔离开关

及其操动机构；④电流互感器；⑤仪表和继电器等。

397.管井的结构由哪几部分组成？

答：管井的结构包括井口、井壁管、过滤器和沉淀管。

398.管井报废的原因主要有哪些？

答：主要有管井本身以及水源方面的原因，即井管接头不严或错位，井管断裂，过滤器破裂，过滤器周围被细粒泥沙或胶结物等堵塞；地下水枯竭，地下水位过低等。

399.机井工程包含哪几部分内容？

答：机井工程包含水井、抽水机具、泵管、输变电设备、井台、井房和出水池。

二　灌区

400.调节农田水分的途径有哪些？

答：灌溉与排水。

401.什么是作物田间耗水量？由哪几部分组成？

答：作物田间耗水量是指在一定气候、土壤和农业技术条件下，作物在整个生长发育期中农田所消耗的总水量。

对于旱田，主要由叶面蒸腾、棵间蒸发、深层渗漏量组成。

402.什么是作物田间需水量？

答：叶面蒸腾与棵间蒸发所消耗的水量之和叫作物田间需水量。

403.什么是田间持水量？

答：田间持水量是指农田土壤某一深度内保持吸湿水、膜状水和毛管悬着水的最大含量。

404.什么是计划湿润层深度？

答：在对于旱作物进行灌溉时，计划调节控制土壤水分状况的土层深度叫计划湿润层深度。

405.什么是凋萎系数？

答：植物因缺水而开始永久凋萎时土壤的含水百分数叫凋萎系数。

406.灌溉水源需要满足什么要求?

答:灌溉水源需要满足水质、水位、水量等的要求。

407.北方地区小麦生育期内有哪几个需水期?

答:出苗期、返青期、拔节-孕穗期、抽穗-灌浆期、黄熟期。

408.什么是全面灌溉?

答:全面灌溉是灌溉水湿润整个农田植物根系活动层内的土壤的灌溉方法。

409.什么是局部灌溉?

答:局部灌溉是灌溉时只湿润作物根部周围的土壤,远离作物根部的行间或棵间的土壤仍保持干燥的灌水方法。

410.什么是作物的灌溉制度?包含哪些内容?

答:灌溉制度是保证作物在不同的气候、土壤和农业技术条件下获得最高稳定的产量,在整个生育期及时进行灌溉的一整套制度。灌溉制度主要包含灌水次数、灌水时间、灌水定额、灌溉定额。

411.灌溉制度的确定方法有哪几种?

答:确定方法有三种:①根据土壤水分平衡原理设计灌溉制度;②根据灌溉试验资料制定灌溉制度;③总结群众丰产灌水经验制定灌溉制度。

412.什么是灌溉设计保证率?

答:灌溉设计保证率是指灌溉用水部门在多年期间所能得到的正常供水的保证程度,也就是灌溉用水全部获得满足的年数占总年数的百分率。灌溉设计保证率是规划设计中的一项非常重要的指标。

413.什么是净灌水率?

答:净灌水率是指灌区单位(如以万亩计)面积上所需灌溉的净流量。

414.什么是净灌溉用水量?

答:净灌溉用水量是指灌区实际灌溉面积上田间有效利用的水量。

415.什么是毛灌溉用水量?

答:毛灌溉用水量是指渠首进水总量。

416.什么是复种指数?

答:复种指数是全年内各种农作物种植面积之和与耕地面积的比值,复种指数是一个大于等于1的数值。

417.什么是有效降雨量?

答:能够被作物所利用的降雨量叫有效降雨量。有效降雨量等于降雨量减去地表径流量及作物无法利用的深层渗漏水量。

418.什么是排涝模数?

答:排涝模数是在一定降水频率下保证作物正常生长的单位面积上的排涝流量。

419.什么是排渍模数?

答:排渍模数是满足防渍要求的单位面积内排出的地下水流量。

420.什么是地下水临界深度?

答:地下水临界深度是不致引起土壤盐渍化所要求的最小地下水埋深。

421.大、中、小型灌区如何划分?

答:灌区面积在30万亩及以上的灌区为大型灌区,灌区面积在1万亩及以上30万亩以下的灌区为中型灌区,灌区面积在1万亩以下的灌区为小型灌区。

422.设计灌溉面积指什么?

答:设计灌溉面积是指正式批准的灌溉工程设计文件中规定的灌溉建设规模。

423.有效灌溉面积指什么?

答:有效灌溉面积是灌溉工程设施基本配套,有一定水源,土地较平整,一般年景下当年可进行正常灌溉的耕地面积。有效灌溉面积为水田和水浇地面积之和。

424.实灌面积指什么?

答:实灌面积是指水源有保证,利用灌溉工程和设施,当年实际进行正常灌溉的耕地面积。在同一亩耕地上,无论灌水几次,都应按一亩计算,而不应按灌溉亩次计算。

425.改善灌溉面积指什么？

答：改善灌溉面积是指在原有水利设施的基础上，增加新的水利设施，使原有灌溉保证率低或渠系不配套的灌溉面积得到改善提高的面积。

426.恢复灌溉面积指什么？

答：恢复灌溉面积指在原有的有效灌溉面积中，由于各种自然与人为因素使工程设施破坏，使受益水地变为旱地，并从年报中予以核销，经对原有工程设施更新和修复，使其旱地重新变为水地。

427.水浇地面积指什么？

答：水浇地面积指有一定水源和灌溉设施，在一般年景下，当年能够正常灌溉的耕地面积。由于雨水充足等原因，在当年没有灌溉的耕地也应包括在内。

428.农田灌溉系统主要由哪几部分组成？

答：农田灌溉系统主要由取水工程、输配水工程、田间灌溉工程等部分组成。

429.农田排水系统主要由哪几部分组成？

答：农田排水系统主要由各级排水沟（管）、排水枢纽、承泄区以及附属建筑物组成。

430.有坝引水枢纽由哪几部分组成？

答：有坝引水枢纽通常由溢流坝或拦河闸、进水闸、冲沙闸和防洪堤等建筑物组成。

431.无坝引水枢纽由哪几部分组成？

答：无坝引水枢纽通常由进水闸、导流堤、冲沙闸等组成。

432.自流灌溉和提水灌溉有什么区别？

答：灌溉水源的水位高于田面时，水借重力作用，经渠道系统流入农田，称自流灌溉；灌溉水源的水位低于田面时，借机电、水力等动力或人力、畜力，用提水机具将水提到高于田面的高程，再经渠道系统流入农田，称为提水灌溉。

433.灌溉方法分为哪几种方式？

答：灌溉方法是指水以什么样的形式来湿润土壤，使灌溉水转为土

壤水,以满足作物的需水要求。按照水输送到田间的方式和湿润土壤的方式,我国目前现有的灌溉方法有地面灌溉、地下灌溉、喷灌和微灌四种。

434.什么是地面灌溉?

答:地面灌溉是灌溉水通过地面渠系或地下管道从地表面进入田间并借重力和毛细管作用湿润土壤的灌水方法。主要有畦灌、沟灌、淹灌和漫灌。

435.什么是地下灌溉?

答:地下灌溉是利用修建在地下的管道(洞)系统将灌溉水引入田间,灌溉水通过管壁孔或缝隙借助土壤毛细管作用由下而上湿润耕作层的灌水方法。地下灌溉又叫渗灌或浸润灌溉,一般有管道式和鼠道式两种类型。

436.什么是充分灌溉?

答:充分灌溉是根据作物需水规律充分满足作物丰产需水时间和需水数量的一种灌溉模式。

437.什么是非充分灌溉?

答:非充分灌溉是当水源供水量不足时,灌溉面积又不能减少的情况下,通过减少灌水次数或灌水量,以较少的水获得最大的经济效益的一种灌溉模式。

438.什么是条田?

答:条田是旱作物灌区末级固定渠道(一般为农渠)和末级固定沟道(一般为农沟)之间的矩形田块。

439.什么是田间工程?

答:田间工程是末级固定渠道(农渠)和固定沟道(农沟)之间条田范围内的临时性或永久性灌排设施以及土地平整的总称。

440.什么是渠道?

答:渠道是人工(或机械)开挖填筑或砌筑的输水设施。

441.渠道如何分类?

答:①按形式可分为明渠和暗渠两类;②按用途可分为灌溉渠道、引水渠道、通航渠道、给水渠道、流送木材渠道、排水渠道和综合性渠道等；③按渠床材料可分为土渠、石渠和衬砌渠；④按渠道断面结构可分为挖方渠道、填方渠道、半挖半填渠道；⑤按渠道输水作用可分为输水渠道和配水渠道。

442.灌溉渠道设计包括哪些内容？

答：灌溉渠道设计包括确定渠道系统布置、确定灌溉渠道设计流量、拟定纵横断面结构尺寸、计算渠道工程量等工作。

443.什么是渠道水利用系数？

答：同一时段内渠道净水量（或流量）与毛水量（或流量）的比值叫渠道水利用系数。

444.什么是渠系水利用系数？

答：同一时段内末级固定渠道（农渠）放出的总水量与干渠渠首引进的总水量的比值叫渠系水利用系数。

渠系水利用系数等于各级渠道水利用系数的乘积。

445.什么是田间水利用系数？

答：实际灌入田间的有效水量与末级固定渠道放出水量的比值叫田间水利用系数。

446.什么是灌溉水利用系数？

答：灌入田间的净水量（或流量）与干渠渠首引入总水量（或流量）的比值叫灌溉水利用系数。

灌溉水利用系数等于渠系水利用系数与田间水利用系数的乘积。

447.灌溉渠道一般分为几级？

答：灌溉渠道一般分为干、支、斗、农、毛五级，前四级为固定渠道，毛渠多为临时灌溉渠道。干渠、支渠称为输水渠道，斗渠以下渠道称为配水渠道。

448.什么是渠道设计流量？

答：在设计标准条件下，为满足灌溉用水要求，需要渠道输送的最大流量。由于在灌溉实践中，渠道的流量是在一定范围内变化的，因此，设计渠道的纵横断面时，要考虑流量变化对渠道的影响，通常用设计流量、最小流量、加大流量三种特征流量覆盖流量变化的范围，代表在不同运行条件下的工作流量。

449.渠道工作制度有哪几种?

答:渠道工作制度有轮灌和续灌两种。轮灌是上一级渠道向下一级渠道轮流配水,轮灌渠道在灌水期内是轮流工作;续灌是上一级渠道同时向下一级渠道配水,续灌渠道在灌水期内是连续工作。

450.渠道有哪几种防渗形式?

答:渠道防渗是指为减少渠床透水或建立不易透水的防护层面而采取的各种技术措施。主要防渗形式包括土料压实、石料衬砌、混凝土衬砌、土工膜等。

451.渠道的输水损失包括哪几部分?

答:渠道的输水损失包括渗水损失、漏水损失、水面蒸发三部分。

452.什么是渠道糙率?

答:渠道糙率是反映渠床粗糙程度的指标,相同过水断面情况下糙率越小,渠道过水能力越大;反之,渠道过水能力越小。

453.什么是渠道横断面?

答:渠道横断面是渠道垂直于水流方向的剖面。

454.常见渠道断面形式有哪几种?

答:常见渠道分为明渠和暗渠,明渠断面形式有梯形、矩形、半圆形(U形)、复式断面、弧形坡脚梯形、弧形底梯形等;暗渠断面形式有城门洞形、箱形、正反拱形、圆形等。

455.什么是渠道纵断面?

答:渠道纵断面是沿渠道水流方向中心线的剖面。

456.渠道纵断面设计图主要包括哪些内容?

答:渠道纵断面设计图主要包括沿渠线的地面线、设计水位线、最低水位线、最高水位线、渠底线、渠顶线、分水口及渠系建筑物位置桩号和高程、挖深和填高、渠道比降等。

457.什么是渠道水力最优断面?

答:渠道水力最优断面是在纵坡、糙率及过水断面面积一定时具有最大输水能力的横断面。

458.什么是渠道边坡系数?

答:渠道边坡系数是表示渠道边坡倾斜程度的指标,即渠道边坡在水平方向的投影长度与垂直方向的投影长度的比值。

459.什么是渠底坡降?

答:渠底坡降是单位渠长的渠底降落值,即渠道上、下游两断面渠底高差与该渠段水平长度的比值,也称底坡、纵坡、比降。

460.什么是渠道挟沙能力?

答:渠道挟沙能力是渠道不淤条件下单位水体所能挟带的泥沙质量。

461.混凝土渠道伸缩缝作用是什么?

答:混凝土渠道伸缩缝用于防止混凝土板因温度和湿度变化产生胀缩或因渠道不均匀沉降形成裂缝。

462.什么是渠系建筑物?

答:渠系建筑物是渠道正常工作和发挥其各种功能而在渠道上兴建的水工建筑物。

463.渠系建筑物按用途可分为哪几类?

答:渠系建筑物按用途主要分为控制建筑物、交叉建筑物、泄水建筑物、衔接建筑物、量水建筑物和防冲、防淤建筑物等。

(1)控制建筑物。又称调节及配水建筑物,用于调节水位和分配流量,有进水闸、节制闸、分水闸、斗门等。

(2)交叉建筑物。当渠道穿越山岗、河流、山谷、道路、低洼地带或和其他渠道相遇时所修建的建筑物。常用的交叉建筑物有隧洞、渡槽、倒虹吸管、涵洞和桥梁等。

(3)泄水建筑物。为防止渠道水流超过允许最高水位,酿成决堤事故,保护危险渠段及重要建筑物的安全,或为放空渠水以进行渠道和建筑物维修等目的所修建的建筑物,有溢流堰、退水闸、虹吸泄洪道等。

(4)衔接建筑物。在渠道落差集中处修建的连接上下游水流的渠系建筑物,有陡坡和跌水两种。

(5)量水建筑物。为按用水计划向各级渠道和田间输配水量,以及为合理收取水费提供依据而安装的各种量水设施,有各种形式的量水堰、量水槽及量水管嘴等。

(6)防冲、防淤建筑物。为防止和减少渠道淤积而在渠道中设置

的设施，有冲沙闸、沉沙池等。

464.水闸组成及各部分的作用是什么？

答：水闸由闸室、进口段、出口段三大部分组成。

闸室是控制水流和连接两岸的主体。

进口段用以引导水流平顺进闸，防止水流对渠底及岸坡冲刷，阻挡水流向地基及两岸渗透。

出口段用以消能，防止水流对渠底及岸坡造成冲刷，并使水流平顺出闸。

465.水闸工程中的闸门分为哪几类？

答：闸门是用于关闭和开放泄(放)水通道的控制措施，用来拦截水流、控制水位、调节流量、排放泥沙和漂浮物等。闸门可分为平板闸门和弧形闸门等。

466.节制闸的作用是什么？

答：节制闸是为满足灌溉、发电或航运等要求，横跨河渠修建的水闸。它的作用是控制闸前水位和过闸流量，保证足够的流量流入进水闸或分水闸。

467.分水闸的作用是什么？

答：分水闸是建于灌溉渠道分汊处用以分配水量的水闸。它的作用是将上一级渠道的来水按一定比例分配到下一级渠道中。分水闸往往与节制闸联合设置，以达到方便取水的目的。

468.水闸工程常用启闭机有哪几种？

答：灌排工程中常用启闭机有螺杆式、卷扬式和液压式等。

469.灌区工程可以兼作量水的建筑物都有哪些？

答：兼作量水用的水工建筑物主要有水闸、涵洞、渡槽、倒虹吸管、跌水等。

470.安装量水槽要注意哪些事项？

答：量水槽应设置于顺直渠段，上游行近渠段壅水高度不应影响进水口的正常引水，长度应大于渠宽的 5~15 倍；槽体表面平滑，轴线应与渠道轴线一致；量水槽上游不应淤积，下游不应冲刷；量水槽产生的水位壅高应保证渠段上游安全及正常运行。

471.农桥组成及类型都有哪些?

答:农桥是指乡村道路上跨越渠道、河流、沟谷等的桥梁。农桥主要由桥跨结构(又称桥孔结构或上部结构)及桥墩、桥台(统称下部结构)两个主要部分组成。按荷载等级分为生产桥、拖拉机桥、低标准公路桥。按上部结构型式分为梁式桥、拱式桥等,此外,还有允许短期过水的漫水桥等特殊类型。农桥按主要承重结构所用的材料,可分为木桥、石桥、砖桥、钢筋混凝土桥及预应力钢筋混凝土桥等。

472.渡槽组成及类型都有哪些?

答:渡槽是渠道跨越河流、沟谷、道路时修建的过水桥梁,或输送水流跨越河渠、道路、山冲、谷口等的架空输水建筑物。由进口段、槽身、支承结构、出口段等部分组成。槽身的横断面形式最常用的有矩形及U形,支撑结构形式主要有梁式、拱式及桁架式等。常用的槽身材料有砖石槽身、钢筋混凝土槽身、钢丝网水泥槽身等。

473.倒虹吸组成及形式都有哪些?

答:倒虹吸是渠道与河流、山谷、道路交叉时,为了从它们底部通过而敷设的压力管道,这种压力管道中部向下弯曲,像倒置的虹吸管,所以叫倒虹吸。倒虹吸一般由进口、管身和出口三部分组成。断面形式主要有圆形管道、箱形管道等。结构形式主要有竖井式和斜管式两种。布置形式主要有地埋式和架空式两大类。管身材料主要有现浇钢筋混凝土管、预应力钢筋混凝土管、钢管、球墨铸铁管等。

474.涵洞组成及类型都有哪些?

答:当填方渠道跨越沟溪、洼地、道路、渠道或穿越填方道路时,在填方道路或交通道路下面,为输送渠水、排泄溪谷来水或通行车辆而设置的建筑物。由进口段、洞身段、出口段三部分组成。按其作用分为输水涵洞、排水涵洞、交通涵洞。按洞身结构形式分为箱涵、盖板涵、拱涵、圆拱直墙涵、圆管涵等。按过涵水流形态不同分为无压涵、有压涵或半有压涵。洞身材料主要有钢筋混凝土、浆砌石及混合材料等。

475.隧洞组成及类型都有哪些?

答:隧洞是穿凿山岭,用来输水或排水的山洞。由洞门、洞身及附属工程组成。按用途分为泄洪洞、引水洞、排沙洞、放空洞、导流洞等。

按洞内水流状态分为有压流和无压流。按横断面形式分为圆形、方圆形(或称城门洞形)、马蹄形和高拱形等。洞内壁衬砌材料一般多用砖、石、混凝土等。

476.跌水组成及布置形式都有哪些?

答:跌水是水流经由跌水缺口流出,自由跌落与下游渠道消力池的连接建筑物。通常由上游进口连接段、进口控制段、消力池及下游出口段等部分组成。根据上下游渠道间的落差大小,可采用单级或多级的布置形式。

477.陡坡组成及布置形式都有哪些?

答:陡坡是使渠道上游水流沿着明渠陡槽,呈渐变流下泄到下游渠道的落差建筑物。通常由上游进口连接段、控制堰口、陡坡段、消力池及下游出口段等部分组成。根据不同地形条件,陡坡可分为单级陡坡和多级陡坡。

478.灌区常用的量水方法有哪些?

答:利用特设的量水设备量水;利用水工建筑物量水;利用流速仪量水;利用浮标量水;利用水尺量水。

479.量水设施可分为哪几类?

答:通常可分为两大类:明渠式量水设施和淹没式量水设施。

480.量水堰与量水槽各有哪几种形式?

答:量水堰主要有三角形量水堰、矩形薄壁堰、梯形薄壁堰;量水槽主要有长喉道量水槽、短喉道量水槽(巴歇尔量水槽、无喉道量水槽)。

三 节水灌溉

481.什么是节水灌溉?

答:节水灌溉是用尽可能少的水的投入,取得尽可能多的农作物产出的一种灌溉模式,目的是提高水的利用率和水分生产率。

482.什么是水分生产率?

答:水分生产率是指在一定的作物品种和耕作栽培条件下,单位水资源能获得的产量或产值。

483.常用的节水灌溉技术主要有哪几种?

答:常用的节水灌溉技术主要有渠道输水灌溉(渠灌)、管道输水灌溉(管灌)、喷灌、微灌。

484.什么是渠道输水灌溉技术?

答:渠道输水灌溉技术是灌溉水通过渠道输水进入田间的一种灌溉技术。

485.什么是管道输水灌溉技术?

答:管道输水灌溉技术是利用管道将水直接输送到田间沟畦灌溉作物,以减少输水工程中的渗漏和蒸发损失的灌溉技术。

486.管道输水灌溉有哪些优点?

答:管道输水灌溉的优点有提高水的有效利用率、节能、节省土地、成本较低、灌水及时、增产增收等。

487.管道输水灌溉系统由哪几部分组成?

答:管道输水灌溉系统由水源与取水工程、输配水管网工程、田间灌水系统。

488.管道输水灌溉系统一般分为哪些类型?

答:管道输水灌溉系统按输水方式分为提水输水系统、自压输水系统,按管网形式分为树状网、环状网,按固定方式分为移动式、半固定式、固定式。

489.管道输水灌溉常用管材有哪些?

答:管道输水灌溉常用管材有 PVC 管、PE 管、混凝土管、钢筋混凝土管、钢管、铸铁管等。

490.管灌出水口与给水栓的区别是什么?

答:出水口是指把地下管道系统的水引出地面进行灌溉的放水口,一般不能连接地面管道;给水栓是能与地面移动软管连接的出水口。

491.管道系统中有哪些保护装置?

答:管道系统中保护装置有进排气阀、安全阀、多功能保护装置等。

492.管道系统在管理运行中应注意哪些事项?

答:①需有专人管理;②严格执行管理制度;③做好设备的维修养护;④严格按操作程序操作。

493.什么是田间闸管技术?

答:田间闸管系统由移动软管和管道上配置的多个供水闸门组成,闸门间距及规格可根据田间沟(畦)间距(宽度)及所需流量确定。该系统用以替代田间毛渠完成田间输配水过程,并通过调节闸门开度控制进入沟(畦)流量。

494.小畦灌溉所指的畦田"三改"灌水技术是什么?

答:畦田"三改"灌水技术是长畦改短畦、宽畦改窄畦、大畦改小畦。

495.小畦灌溉技术的关键指标是什么?

答:小畦灌溉技术的关键指标主要是指畦田的畦长、畦宽和畦埂的设置。

496.什么是喷灌技术?

答:喷灌是利用自然水头或机械加压把水通过管道系统输送到田间,利用喷头将水喷射到空中,并使水散成细小水滴后洒落在田间进行灌溉的一种灌溉技术。

497.管道式喷灌系统由哪几部分组成?

答:管道式喷灌系统由水源、水泵和动力机、管道系统、喷头组成,按系统获得压力的方式可分为机压喷灌系统、自压喷灌系统。

498.什么是移动式管道喷灌系统?

答:移动式管道喷灌系统是指干支管均可移动使用的喷灌系统。

499.什么是半固定式管道喷灌系统?

答:半固定式管道喷灌系统是指动力、水泵和干管是固定的,支管和喷头是可移动的喷灌系统。

500.什么是固定式管道喷灌系统?

答:固定式喷灌系统是指除喷头外,在整个灌溉季节或常年都是固定的喷灌系统。

501.什么是机组式喷灌系统?

答:机组式喷灌系统是指以移动式喷灌机组为主体的喷灌系统,由喷头、管道、加压泵及动力机组等组成,集加压、行走、喷洒于一体。

502.什么是自压式喷灌系统?

答:自压式喷灌系统是指利用水源自然水头获得工作压力的喷灌系统。

503.什么是喷灌三要素?

答:喷灌强度、喷灌均匀度、水滴雾化度是喷灌三要素。

喷灌强度是单位时间喷洒在单位面积上的水量,喷灌均匀度是表示喷洒水量在喷灌面积上分布的均匀程度,喷灌水滴雾化度是表示喷洒水在空中裂散程度的特征值。

504.喷头的水力特性有哪些?

答:喷头的水力特性包括喷头流量、喷头水量分布曲线、射程和喷射高度。

505.喷灌机有哪些种类?

答:①时针式喷灌机;②平移式喷灌机;③滚移式喷灌机;④纵拖式喷灌机;⑤绞盘式喷灌机;⑥双悬臂式喷灌机;⑦平移-回转式喷灌机。

506.喷灌有哪些优缺点?

答:优点:节水、增产、节省劳力、少占耕地、保持水土、地形起伏变化适应性强等。

缺点:一次性投资较大、受风的影响较大。

507.微灌技术包括哪几种?

答:微灌技术包括滴灌、涌泉灌(小管出流)、微型喷洒灌溉(微喷)、地下滴灌(渗灌)。

508.微灌对水质有何特殊要求?

答:微灌由于灌水器流道狭小,易被杂质堵塞,故对水质的洁净度要求较高,为保证系统的安全正常运行,需在水源首部配置过滤装置。

509.什么是微灌的首部系统?

答:在微灌系统首部用于从水源取水并将之处理成符合微灌要求的水并送到系统中的全套设备。

510.微灌的首部枢纽由哪几部分构成?

答:微灌的首部枢纽由水泵机组、过滤设备、施肥施药设备、控制器、压力调节器、阀门和量测设备等组成。

511.微灌工程系统由哪几部分组成?

答:微灌工程系统一般由水源工程、枢纽工程、输配水管网工程和灌水器四部分组成。

512.什么是滴灌?

答:滴灌是按照作物需水要求,通过管道系统与安装在毛管上的灌水器,将水和作物需要的水分和养分一滴一滴,均匀而又缓慢地滴入作物根区土壤中的一种灌水方式。

513.什么是微喷灌?

答:微喷灌是利用直接安装在毛管上或毛管连接的微喷头将压力水以喷洒状湿润土壤的一种灌溉方式。

514.什么是涌泉灌?

答:涌泉灌也称小管出流,是通过安装在毛管上的涌水器形成的小股水流,以涌泉的方式使水流流入土壤的一种灌水方式。特别适于林木灌溉。

515.什么是地下滴灌?

答:地下滴灌也称为地下渗灌,是将(渗水)毛管全部埋于地下,压力水通过(渗水)毛管上的灌水器以渗流的形式湿润其周围土壤的一种灌水方式。

516.微灌有哪些优缺点?

答:优点:灌水均匀,灌溉水利用率高;适时适量供水供肥,作物产量高、品质好;可调节土壤湿润体内盐分浓度;可在一定条件下利用微咸水灌溉;可适应各种土壤和地形等。

缺点:盐分积累;可能影响作物根系发育;一次性投资相对较高;灌水器易被水中的矿物质或有机物质堵塞而报废。

517.什么是微灌土壤湿润比?

答:微灌土壤湿润比是指微灌条件下,湿润土体体积与整个计划湿润层土体的比值。

518.什么是水肥一体化?

答:水肥一体化技术是将灌溉与施肥融为一体的农业新技术。水肥一体化是借助压力系统(或地形自然落差),将可溶性固体或液体肥料，按土壤养分含量和作物种类的需肥规律和特点，配兑成的肥液与灌溉水一起，通过可控管道系统供水、供肥，使水肥相溶后，通过管道和灌水器形成均匀、定时、定量灌溉，浸润作物根系发育生长区域，使主要根系土壤始终保持疏松和适宜的含水量，达到提高作物产量和品质的目标。

519.微灌过滤设备有哪几种形式？各适用于什么水质条件？

答：微灌过滤设备有离心过滤器、筛网过滤器、叠片式过滤器、砂石过滤器等。

离心过滤器（也叫砂分离器）主要用于去除水中砂粒。

砂石过滤器主要用于水库、池塘、运河、河流等开放水源中有机物的预过滤。

筛网过滤器（又称网式过滤器）主要用于过滤灌溉水中的粉末、沙子、水垢等污物，也可用于过滤含有少量有机污物的灌溉水。

叠片过滤器主要是过滤有机杂质，如同网式过滤器，当水质较好时，叠片过滤器可单独使用。一般作二级过滤器，与砂石过滤器及离心过滤器联合使用。

520.微灌施肥设备都有哪些？

答：微灌施肥设备有文丘里施肥器、压差式施肥器、注射式施肥器等。

521.什么是灌水器？

答：灌水器也叫配水器，它的作用是按照作物的需要将管道系统中有压水流经消能并分配到每棵作物根区的土壤中去。不同的灌水方法采用不同的灌水器，喷灌的灌水器是喷头，滴灌的灌水器是滴头，微喷灌的灌水器是微喷头，涌灌的灌水器是稳流器，地下滴灌的灌水器是渗头。

522.微灌对管材有什么要求？

答：能承受设计要求的工作压力；规格尺寸与公差应符合技术标准；耐腐蚀、抗老化，使用寿命长；满足运输要求；满足施工要求。

523.什么是集雨灌溉技术？

答：集雨灌溉技术是指对天然降雨进行收集、汇流、存储和进行灌

溉的配套技术。

524.集雨灌溉系统由哪几部分组成？

答：集雨灌溉系统一般由集雨系统、蓄水系统、输水系统和灌溉系统组成。

525.集雨灌溉技术一般配套哪些田间灌溉技术？

答：由于集水量有限，为充分发挥有限水资源的作用和效益，一般需要配套高效节水灌溉技术，如喷灌、微灌等。

526.影响集流效率的因素有哪些？

答：影响集流效率的因素有降雨特性、集流面材料、集雨面坡度以及集雨面前期含水量等。

527.集雨灌溉蓄水池按其结构形式分为哪几种？

答：窖（窑）、蓄水池和土井（旱井）。

第五章 城乡供水及小水电工程

一 城乡供水

528.什么是城乡供水一体化?

答:实施城乡供水资源整合,对城市和农村供水实行统一规划、统一建设、统一管理、统一服务,实行以城市水厂为主的规模化供水格局,实现城乡供水同标准、同质量、同服务。

529.什么是农村供水工程?

答:农村供水工程是指为解决农村居民生活用水而兴建的各类集中供水工程和分散供水工程。其特点是:供水工程面广、量多、线长,管理难度大。

530.什么是集中供水工程?

答:集中供水工程是指由水源集中取水,经必要的净化处理和消毒后,通过输配水管网送到用户或集中供水点的供水工程。

531.什么是分散供水?

答:分散供水是指农村地区分散居住户采用简易设施或工具直接从水源取水的供水方式。

532.什么是分质供水?

答:分质供水是指受制水成本高等限制,将饮用水与杂用水分开供水的方式。

533.什么是分压供水?

答:分压供水是指因用户水压要求的不同而划分的供水系统。

534.农村生产生活用水量包括哪几部分?

答:农村生产生活用水量包括村民生活用水、学校用水、企业用水、家禽家畜用水、农业机械用水等。

535.城乡供水系统一般由哪几部分组成?

答:城乡供水系统一般由取水系统、水处理系统、输配水系统组成。

536.取水系统一般由哪几部分组成?

答:取水系统一般由取水构筑物、水泵及泵房组成。

537.水处理系统一般由哪几部分组成?

答:水处理系统一般由净水构筑物或净水设备、厂内调节构筑物组成。

538.输配水系统一般由哪几部分组成?

答:输配水系统一般由泵站、输水管渠、配水管网和调节构筑物组成。

539.蓄水池及水塔在输配水构筑物中的作用是什么?

答:蓄水池及水塔在输配水调节构筑物中主要起水量调节作用。除此之外,高位水池和水塔还具有向用户提供所需水压的作用。

540.给水系统按用户使用目标可分为哪几种?

答:给水系统按用户使用目标可分为生产给水系统、生活给水系统和消防给水系统。

541.给水系统可分为哪几种形式?

答:给水系统可分为单水源和多水源给水系统。

542.分系统给水分为哪几种类型?

答:分系统给水可分为分质给水系统、分压给水系统、分区给水系统。

543.给水系统按服务对象可分为哪几种?

答:给水系统按服务对象可分为城镇给水系统和工业给水系统。在工业给水中,又分为循环系统和复用系统。

544.城镇给水系统用水量包括哪几部分?

答:城镇给水系统用水量包括综合生活用水、工业企业生产用水和工作人员生活用水、消防用水、浇洒道路和绿地用水、未估计水量及管网渗漏量等。

545.影响城镇生活用水量的因素有哪些?

答:影响城镇生活用水量的因素有城镇规模、城镇位置和气候、水资源情况、生活习惯等。

546.水质净化处理的目的是什么?

答:通过必要的处理方法改善原水水质,使之符合生活饮用或工业使用所要求的水质标准。

547.什么是日变化系数?

答:在一年中,最高日用水量与平均日用水量比值叫日变化系数。

548.什么是时变化系数?

答:最高日内,最高1小时用水量与平均时用水量比值叫时变化系数。

549.给水系统中各部分设施规模如何确定?

答:①水源到水厂的输水管设计流量应按最高日取水量确定;②水厂到村镇配水干管设计流量应按最高日最高时用水量确定。向高位水池或水塔供水的管道,设计流量宜按最高日工作时用水量确定。

550.配水管网水压控制点主要考虑哪两个位置?

答:距水源配水点最远点和配水区地势最高点。

551.为什么要在输配水管道上设置进排气阀?

答:①排除管道中的空气,防止形成气阻而致管道发生爆裂;②发生负压时,能够及时吸入空气防止管中出现负压而破坏管道,保护管道安全。

552.泄水阀的作用是什么?

答:泄水阀一般安装在管线的最低处,与排水管相连,用于排除管中的沉淀物和检修时放空管道中存水。

553.阀门井的作用是什么?

答:阀门井主要用于安装管道附件以及开启和关闭阀门或者检修作业时方便之用,如分水阀井、泄水阀井、排气阀井、流量计井等。

554.阀门井的大小和深度如何确定?

答:井深由水管埋设深度来确定,平面尺寸由附件的安装与运行操作要求来确定。

555.地下水水源水质有哪些特点?

答:水质、水温比较稳定。硬度高于地表水,铁常与锰共存,超出饮

用水标准，含盐量及硬度较高。

556.地表水水源水质有哪些特点？

答：水量充沛，水质具有显著的季节性，水温变幅大，有机物和细菌含量高，浊度大，有时还有较高的色度，矿化度和碱度低、含铁锰量等较低，易受污染。

557.什么是一体化净水装置？

答：一体化净水装置指集混合、絮凝、沉淀或澄清、过滤等净水单元于一体的净水装置。

558.什么是生物慢滤？

答：生物慢滤指滤速低于 0.3 m/h，在滤料表层形成生物滤膜，同时发挥滤料物理阻隔作用和生物滤膜的生化作用的过滤工具。

559.北方寒冷地区供水管道的埋设深度应考虑哪些气候因素的影响？

答：需满足当地最大冻土层深度要求。管顶最小覆土深度应位于土壤冰冻线以下 0.15 m。

560.供水工程一般都用哪些管材？

答：一般有 PE 管、PVC 管、钢管、铸铁管、混凝土管、玻璃钢管等。

561.供水管道一般有哪些测流设备？

答：一般有水表、电磁流量计、超声波流量计等。

562.农村饮水安全的含义是什么？

答：农村饮水安全，是指农村居民能够及时、方便地获得足量、洁净、负担得起的生活饮用水。农村饮水安全包括水质、水量、用水方便程度和供水保证率 4 项评价指标。

563.农村饮水安全评价依据什么标准？

答：农村饮水安全评价执行《农村饮水安全评价准则》（T/CHES 18—2018），也可根据这一评价细则，结合本省实际情况，制定适合本省实际的农村饮水安全评价细则，但不得低于《农村饮水安全评价准则》（T/CHES 18—2018）的要求。如果水量、水质、用水方便程度、供水保证率 4 项评价指标全部达标或基本达标，就可以评价为饮水安全。

564.生活饮用水水质标准分哪几类指标？

答：分四类指标：感观性指标、化学指标、毒性学指标和细菌学指标。

水质标准项目共有 23 项。其中感观性指标有 4 项,化学指标有 8 项,毒性学指标有 8 项,细菌学指标有 3 项。

565.哪些部门出具的水质检测报告可作为水质评价依据?

答:县级及以上的卫生健康、水利等部门的水质检测机构和有 CMA 资质的第三方水质检测机构正式出具的水质检测报告可作为水质评价依据。

566.农村供水水质检测指标是如何确定的?

答:水质检测指标应由省级相关行政主管部门(卫生健康、水利、扶贫)根据当地农村供水水质特点、污染源分布特征、工程规模、人群健康风险的可控性等方面综合确定。

567.农村饮水不安全类型分哪几类?

答:农村饮水不安全类型分为水质不达标、水量不足、用水不方便、供水保证率偏低等。

568.洪涝灾害后如何注意饮水安全?

答:(1)千万不要喝生水,只喝开水或符合卫生标准的瓶装水、桶装水;装水的缸、桶、、锅、盆等必须干净,并经常倒空清洗;对临时饮用井水、河水、湖水、塘水,一定要进行消毒;浑浊度大、污染严重的水,必须先加明矾澄清,经漂白粉等消过毒的水也应煮沸后饮用。

(2)洗菜、煮饭、漱口等日常生活用水也必须使用消毒过的清水。

(3)漂白粉必须放在避光、干燥、凉爽处(如用棕色瓶拧紧瓶盖存放)。

569.影响农村饮水水质安全的因素有哪些?

答:高氟、高砷、苦咸和血吸虫病区饮水等不安全因素。

570.水的硬度对人体健康有什么影响?

答:硬度常指溶于水中的钙、镁离子浓度的总和。硬度过高的水会造成人体肠胃功能紊乱。

571.饮水不安全容易引起哪些疾病?

答:饮水不安全容易引起的疾病主要有地方病、介水传染病、有毒化学物质污染所引起的急性和慢性中毒。

572.高氟水对人体健康有哪些危害?

答:长期摄入氟含量超标的饮用水会引起机体慢性中毒,即氟中毒。该病主要影响人体的硬组织,如牙齿、骨骼,临床表现为氟斑牙和氟骨症,以及非骨相氟中毒如神经系统损害、骨骼肌及肾损害等。

573.选择饮用水水源的原则是什么?

答:①水量充沛、稳定,水源保证率要达到90%以上;②尽量选用优良水质的水源,能避免污染,便于水源保护;③取水点安全、可靠,便于施工、输水和管理;④有多个水源可选择时,应进行技术经济比较后择优确定。

574.饮用水为什么要消毒?

答:饮用水消毒是为消除水中细菌、病毒及原生动物胞囊等致病微生物,防止通过饮用水传播疾病,生活饮用水必须要消毒。如果不注意饮用水消毒,可能会导致肠道疾病,甚至急性传染病事件发生。烧开煮沸也可消毒。

575.什么是集中式饮用水水源地?

答:进入输水管网送到用户的和具有一定供水规模(供水人口大于等于1 000人)的在用、备用和规划水源地。

576.农村供水系统一般由哪些设施设备组成?

答:农村供水系统一般由"取、输、净、配"环节组成,主要包括取水设施、输送原水的渠(管)道设施、净水处理设施、消毒设备、加压与输配水管网设施以及配套的电气设备等。

二 小水电

577.什么是水电站?

答:水电站是利用水能资源发电的场所,是水、机、电的综合体。

578.什么是小型水电站?

答:装机容量很小的水电站或水力发电装置。我国的小水电在现阶段是指由地方、集体或个人集资兴办与经营管理的,装机容量25 000 kW及以下的水电站和配套的地方供电电网。

579.水力发电的基本原理是什么?

答:水力发电就是利用水位落差,配合水轮发电机产生电力,也就是利用水的位能,转为水轮的机械能,再以机械能推动发电机,而得到电能。水力发电在某种意义上讲是水的势能变成机械能,再变成电能的转换过程。

580.水电站一般如何分类?

答:水电站一般可分为坝式、引水式和混合式三种基本方式。

581.什么是引水式水电站?

答:引水式水电站是自河流坡降较陡、落差比较集中的河段,以及河湾或相邻两河河床高程相差较大的地方,利用坡降平缓的引水道引水而与天然水面形成符合要求的落差(水头)发电的水电站。

582.什么是径流式水电站?

答:无调节水库的电站称为径流式水电站。此种水电站按照河道多年平均流量及所可能获得的水头进行装机容量选择。全年不能满负荷运行,保证率为80%,一般仅达到180 d左右的正常运行;枯水期发电量急剧下降,小于50%,有时甚至发不出电,即受河道天然流量的制约,而丰水期又有大量的弃水。

583.水轮机有哪几种类型?

答:水轮机可分为反击式和冲击式两大类。反击式水轮机包括混流式水轮机(HL)、轴流定桨式水轮机(ZD)、轴流转桨式水轮机(ZZ)、斜流式水轮机(XL)、贯流定桨式水轮机(GD)和贯流转桨式水轮机(GZ)六种形式。冲击式水轮机包括水斗式(切击式)水轮机(CJ)、斜击式水轮机(XJ)和双击式水轮机(SJ)三种形式。

584.水轮机有哪些工作参数?

答:水轮机的基本工作参数有水头、流量、转速、出力和效率。

水轮机水头是指水轮机进口断面与其出口断面的单位重量水流能量的差值,用 H 表示,单位为m。

水轮机流量是指单位时间内通过水轮机过水断面的水流体积。

水轮机转速是指水轮机主轴每分钟旋转的次数。

水轮机出力是指水轮机轴端输出的功率。

水轮机效率是指水轮机出力与水流出力之比。

585.小型水电站枢纽工程主要由哪几部分组成?

答:主要由挡水建筑物(坝)、泄洪建筑物(溢洪道或闸)、引水建筑物(引水渠或隧洞,包括调压井)及电站厂房(包括尾水渠、升压站)四大部分组成。

586.水电站厂区枢纽包括哪几部分?

答:水电站的厂区枢纽包括主厂房、副厂房、主变压器场、高压开关站等。

587.水电站进水口形式有哪几类?

答:水电站的进水口按水流条件可分为有压进水口(潜没式进水口)和无压进水口(开敞式进水口)两种,它是水电站引水系统的首部。

588.水电站调压室的主要功能有哪些?

答:水电站上游调压室用于压力引水方式中,主要作用是减小压力引水道(压力隧洞、压力管道)的水锤压力,防止其破坏。下游调压室(尾水调压室)则是防止较大负压对水轮机和尾水建筑物的破坏。

589.什么是水电站设计保证率和年保证率?

答:水电站的设计保证率是指在多年运行期间正常工作的时段数占总运行时段数的百分比;年保证率指多年期间正常发电工作年数占运行总年数的百分比。

590.什么是水电站出力?

答:在水电站(厂)中,水轮发电机组发出的电力功率称为出力。

591.什么是水电站保证出力?

答:水电站在较长时段工作中,该供水期所能发出的相应于设计保证率的平均出力,称作该水电站的保证出力。水电站的保证出力是一项重要指标,在规划设计阶段是确定水电站装机的重要依据。

592.什么是装机年利用小时?

答:装机年利用小时指水轮发电机组在年内平均满负荷运行的时间。它是衡量水电站经济效益的重要指标,小水电站年利用小时要求达到 3 000 h 以上。

593.水电站主要有哪些经济指标?

答:(1)单位千瓦投资,是每千瓦装机需要的投资。单位千瓦投资=水电站建设总投资/水电站总装机容量。

(2)单位电能投资,是每千瓦时电量需要的投资。单位电能投资=水电站建设总投资/水电站多年平均发电量。

(3)电能成本,是每千瓦时电量支付的费用。

(4)装机年利用小时数,是衡量水电站设备利用程度。装机年利用小时数=多年平均发电量/总装机容量。

(5)电能售价,是每千瓦时电量售给电网的价格。

594.压力钢管向水轮机供水有哪几种方式?

答:①单元供水;②联合供水;③分组供水。

第六章　河道整治

595.什么是河流?

答:河流是指由一定区域内地表水和地下水补给,经常或间歇地沿着狭长凹地流动的水流。河流是地球上水文循环的重要路径,是泥沙、盐类和化学元素等进入湖泊、海洋的通道。河水的来源主要是降雨和融雪。

596.什么是河道?

答:河道就是河水流经的路线,也是陆地表面宣泄水流的通道。

597.河道等级是如何划分的?

答:河道等级划分按照三大指标即流域面积、影响范围、可能开发的水力资源进行,影响范围包含耕地大小、人口多少、城市大小、交通及工矿企业重要程度。河道级别共分 5 个等级,简单的可以按照流域面积分级:5 万 km^2 以上为一级、1 万~5 万 km^2 为二级、0.1 万~1 万 km^2 为三级、100~1 000 km^2 为四级、小于 100 km^2 为五级。

598.河床按形态可分为哪几种?

答:河床按形态可分为顺直河床、弯曲河床、汊河型河床、游荡型河床。

599.什么是河势演变?

答:河势指河道水流平面形式及发展趋势。河势演变主要指河道水流平面形式的变化。

600.河势稳定包括哪几个方面内容?

答:河势稳定包括主流走向基本稳定、岸线基本稳定、主汊分流比相对稳定。

601.河势演变分析包括哪些内容?

答:河道历史时期演变、近期演变及河道演变趋势。

602.什么是河床演变?

答::河床演变是指河流边界在自然情况下或受人工建筑物干扰时

所发生的变化。这种变化是水流和河床相互作用的结果。水流与河床的相互作用是通过泥沙运动来实现的。在一定的水流泥沙和河床边界条件下,水流有一定的输沙能力。如果水流所挟带的泥沙量小于它的输沙能力,它就从河床上捞取泥沙从而发生冲刷;相反,如果水流挟沙太多,超过它的输沙能力,其中一部分较粗的泥沙就会沉淀下来造成淤积。

603.影响河床演变的主要因素是什么?

答:影响河床演变的主要因素有四项:①流量大小及其变化过程;②流域来沙及其组成;③河道比降;④河床物质组成情况。

604.什么是异重流?

答:异重流是指在重力场中由两种或两种以上比重相差不大,可以相混的流体,因比重差异而产生的流动,又称密度流或重力流。由于水流挟带泥沙而形成的异重流称浑水异重流。

605.什么是"揭河底"现象?

答:"揭河底"是游荡性河道高含沙水流通过时河床遭受剧烈冲刷的自然现象。冲刷期间,泥浪滔天,大块的河床淤积物被洪水掀起,露出水面高达数米,成片的淤积物像地毯一样被卷起,然后被水流冲散带走,同时伴有汹涌的水声。数小时后,水退滩露,将该段河床冲深几米乃至近十米,范围达几十千米以上,全部洪水归于一个宽仅数百米的槽中,平稳地向下游流去。

"揭河底"的条件是:①河床淤高,无固定河槽;②有足够大的洪峰流量;③河水的含沙量特别高。

"揭河底"后给河道带来的影响是:①河道的主河槽迁徙;②改变了河道的比降;③粗泥沙向下游输送。

606.什么是河道主流线?

答:河槽各断面水流流速最大处的连线,它和河底深槽(深泓)线大致重合。

607.什么是河道规划治导线?

答:为稳定河势流路,在河道两岸布设整治工程所规划的水边线,也称整治线。划定治导线要兼顾上下游、左右岸。

608.治导线分哪几类？

答：治导线分洪水治导线、中水治导线、枯水治导线。

609.什么是河道整治？

答：河道整治亦称河床整理，是控制河道和改造河道的工程措施，包括治导、疏浚、护岸等工程。

610.河道整治应遵循哪些原则？

答：①上下游、左右岸统筹兼顾；②依照河势演变规律因势利导；③河槽、滩地综合治理；④分清主次，有计划、有重点布设工程；⑤因地制宜，就地取材。

611.河道的整治应当服从哪些规划和标准要求？

答：应当服从流域综合规划、国家规定的防洪标准、通航标准和其他有关技术要求。

612.什么叫河道的纵断面图和横断面图？

答：沿河道深泓线测得的各点河床高程，按一定比例尺画在图上，用直线连接各点即为纵断面图。在垂直于河流走向上的某一横断面测得各点之高程，按一定比例尺画在图上，用直线连接各点即得横断面图。

613.河道堤防主要有哪几种结构形式？

答：河道堤防有土堤、浆砌石及铅丝笼石。

614.河道护岸工程分为哪几种？

答：河道护岸工程分为护坡、护脚、矶头、坝垛等。

615.什么是河工？

答：河工是为了稳定河势和保护堤岸所修建的建筑物。

616.河工建筑物按照结构形式分为哪几种？

答：按照结构形式分为坡式护岸、桩式护岸、墙式护岸、坝式护岸，以及埽工、沉排等。

617.对河工建筑物的基本要求是什么？

答：对河工建筑物的基本要求：①对水流有足够的抵抗性；②保持倾覆滑动的稳定性；③建筑物各部分要有连结性；④具有覆盖的适应性。

618.什么是丁坝?

答:丁坝是指从堤身或河岸伸出,在平面上与堤或河岸线构成“丁”字形的坝。由坝头、坝身和坝根组成,主要用于调整河宽、迎托水流、保护堤岸等。

619.什么是顺坝?

答:顺坝是沿整治线而修建的潜水式坝体。其高度按整治水位而定,顺坝与河岸的连接与丁坝相同,但边坡较为平缓,以利承受水流冲刷。

620.什么是柳石枕坝?

答:柳石枕坝是用柳梢包石结构,柳梱逐个沉放成的坝体。

621.丁坝常用的结构形式有哪几种?

答:丁坝一般常用的结构形式有沉排丁坝、抛石丁坝以及土心抛石丁坝等。

622.河道整治工程包括哪些工程?

答:河道整治工程包括险工工程、控导工程和护滩工程。险工工程主要是防止水流直接冲刷堤防;控导工程主要是控导主流,稳定河势;护滩工程主要是保护滩地、村庄、码头等。

第七章 水土保持

623.什么是水土保持?

答:水土保持指为防治水土流失,保护、改良、合理利用山区、丘陵区和风沙区的水土资源,维护和提高土地生产力,以利于充分发挥水土资源的综合效益,建立良好生态环境的综合性科学技术。

624.水土保持工作实行什么方针?

答:水土保持工作实行预防为主、保护优先、全面规划、综合治理、因地制宜、突出重点、科学管理、注重效益的方针。

625.什么是水土保持率?

答:水土保持率指区域内水土保持状况良好的面积(非水土流失面积)占国土面积的比例。

626.什么是水土保持效益?主要体现在哪些方面?

答:水土保持效益是实施水土保持措施后所取得的各种效益的总称。

水土保持效益主要体现在水土保持生态效益、水土保持经济效益、水土保持社会效益三个方面。

水土保持生态效益:实施水土保持措施后,生态系统(包括水、土、生物及局地气候等要素)向良性循环转化所获得的效益。

水土保持经济效益:实施水土保持措施后,促进农、林、牧、副、渔等各业发展所增加的经济效益。

水土保持社会效益:实施水土保持措施后,在减少洪涝、干旱及山地灾害,减轻对河道、库塘、湖泊淤积,保护交通、工矿、水利、电力、旅游设施及城乡建设、人民生命财产安全等方面所带来的效益。

627.什么是水土流失?

答:水土流失是指在水力、风力、重力、冻融、人为活动等外营力的作用下,地面土壤、成土母质及岩石碎屑被剥蚀、冲蚀、搬运、沉积的现象和过程。包括土地表层侵蚀及水的损失。

628.水土流失强度分几级?

答:根据土壤侵蚀的实际情况,水土流失侵蚀强度分为微度、轻度、中度、强烈、极强烈、剧烈六级。

629.水土流失形式主要有哪几类?

答:水土流失形式主要有水力侵蚀、风力侵蚀、重力侵蚀、冻融侵蚀、混合侵蚀等。

630.水土流失的成因有哪些?

答:自然原因:地质因素、地形因素、土壤因素、降水因素、风力因素、温度因素、植被因素等。

人为原因:乱砍滥伐、乱开滥垦、乱挖滥采、乱堆乱放、过度放牧、铲除草皮等。

631.水土流失的危害有哪些?

答:(1)破坏土地资源,蚕食农田,威胁人类生存。水土流失使有限的土地资源遭受严重的破坏,冲毁土地,破坏良田,导致地形破碎,土层变薄,地表物质“沙化”。水土流失造成的耕地损失直接威胁到水土流失区群众的生存。

(2)表土损失,肥力下降,加剧干旱发展。由于水土流失,使坡耕地成为跑水、跑土、跑肥的“三跑田”,致使土壤日益瘠薄,土壤理化性状恶化,土壤透水性、持水力下降,造成耕地表层结皮,降低了作物产量和质量。加剧了干旱的发展,使农业生产低而不稳。

(3)泥沙淤积河床,加剧洪涝灾害。水土流失使大量泥沙下泄,淤积下游河道,降低行洪能力,引起洪涝灾害。

(4)泥沙淤积水库、湖泊,降低其综合利用功能。水土流失产生的泥沙使得水库淤积而减小容量,减少其使用寿命。流失的氮、磷及化学、农药等有机污染物,引起水库、湖泊等水体的富营养化,严重威胁到水利设施及其效益的发挥。

(5)影响破坏交通安全。由于水土流失形成的山体塌方、泥石流等造成交通中断。

(6)水土流失造成山丘区生产生活条件恶劣,群众生活贫困,给山丘区群众脱贫解困造成很大困难。

(7)水土流失导致山丘区旱、涝、冰雹、滑坡、泥石流灾害频繁，给山丘区群众生命及财产造成很大损失，造成生态环境恶劣，难以生存。

632.什么是水土流失监测？

答：水土流失监测是指对水土流失发生、发展、危害及水土保持效益定期进行的调查、观测和分析。

633.什么是水土流失综合治理？

答：按照水土流失规律和社会经济发展需要，实行山、水、林、田、草、路统一规划，调整土地利用结构，合理配置水土保持工程措施、植被措施和耕作措施，形成完整的水土流失防治体系。

634.什么是城市水土流失？

答：城市水土流失指城市化过程中因城市建设等人为活动产生的规划区范围内的水土流失现象。

635.城市水土流失有哪些危害？

答：破坏生态环境，泥沙淤积河床、沟道，影响城市防洪，破坏基础设施，损害城市形象，影响投资环境，影响城市可持续发展。

636.水土流失重点预防区和水土流失重点治理区是如何划分的？

答：水土流失潜在危险较大的区域，应当划定为水土流失重点预防区；水土流失严重的区域，应当划定为水土流失重点治理区。

637.什么是小流域？

答：小流域通常是指二、三级支流以下以分水岭和下游河道出口断面为界，集水面积在 50 km^2 以下的相对独立和封闭的自然汇水区域。

638.小流域综合治理建设内容有哪些？

答：小流域综合治理以小流域为单元，山、水、田、林、路统一规划，坡、沟、梁、峁、川综合治理。具体措施如下：基本农田（包括坡改梯、垫滩造地、沟坝地等）、水保林、经果林、种草、封禁治理、谷坊、水窖、生产道路、排洪沟渠等工程。措施可以相应扩展，如护地坝、人字闸新建及修复、蓄水池新建及整修等。

639.什么是生态清洁小流域？

答：在传统小流域沟道、坡面治理的基础上，增加了村庄及周边环境治理；在传统小流域山、水、田、林、路统一规划，坡、沟、梁、峁、川综合治理的基础上，增加了农村生活污水处理、垃圾处理、面源污染防治等措施。

640.淤地坝一般由哪几部分组成？

答：淤地坝工程一般由坝体、放水建筑物、溢洪道三部分组成。坝体是淤地坝的主体工程，放水建筑物由卧管（或竖井）和涵洞（管）组成，溢洪道是用来排泄洪水、保证淤地坝安全的设施。

641.淤地坝有哪些分类？

答：淤地坝根据坝高、库容、淤地面积等技术指标，一般分为大型淤地坝、中型淤地坝、小型淤地坝三类。

大型淤地坝库容为50万~500万m^3，中型淤地坝库容为10万~50万m^3，小型淤地坝库容一般为1万~10万m^3。

642.淤地坝的作用是什么？

答：淤地坝是指在水土流失地区的各级沟道中，以拦泥淤地为目的而修建的坝工建筑物，其拦泥淤成的地叫坝地。一条沟内可以修建多个淤地坝，称作坝系工程。

淤地坝主要作用是滞洪、拦泥、淤地、增加基本农田、改善农村生产生活条件、减少入河入库泥沙。

643.什么是水土保持补偿费？

答：水土保持补偿费是生产建设项目由于占用、损坏具有防治水土流失功能的自然或人工设施而依法缴纳的补偿费用。

644.水土保持“三同时”制度指什么？

答：水土保持“三同时”制度指生产建设项目的水土保持措施与主体工程同时设计、同时施工、同时投入使用。

645.生产建设活动所占用的地表土应当如何利用？

答：为防止水土流失，对生产建设活动所占用土地的地表土应当进行分层剥离、保存和利用。

646.生产建设项目水土流失防治包括哪些指标？

答：主要是水土流失治理度、土壤流失控制比、渣土防护率、表土保护率、林草植被恢复率和林草覆盖率等6项防治指标。

第八章　移民安置

647.什么是水库移民?

答:水库移民是指因为水利水电工程建设征地和水库淹没而搬迁或安置的居民。

648.什么是水库移民原迁人口?

答:水库移民原迁人口是指水库完工时实际动迁的移民人口,一般以批准的移民安置规划确定的规划水平年动迁人口为准。

649.什么是水库移民现状人口?

答:对于2006年6月30日之前已经完工的水库,是指原迁移民再加上水库完工时至2006年6月30日之间移民自然增长的人口(以当地人口自然增长率计算)。

650.什么是开发性移民?

答:开发性移民是指坚持以人为本,在保障移民合法权益、尊重移民意愿的基础上,把移民安置与经济社会发展相结合,为移民群众的生存与发展创造基本条件,使移民在搬迁安置后获得可持续发展的能力。

651.开发性移民扶持采取什么方式?

答:开发性移民扶持采取前期补偿、补助与后期扶持相结合的办法,使移民生活达到或者超过原有水平。

652.什么是移民安置?

答:移民安置是指在移民搬迁或安置后为其提供必要的生产生活条件,帮助其在安置区生存、发展的全过程。移民安置包括搬迁安置和生产安置。

653.移民安置规划大纲编制、移民安置规划编制内容主要包括哪些?

答:移民安置规划大纲编制主要包括移民安置规划编制原则,淹没线以上受影响范围的划定原则,移民安置的任务、去向、标准和农村移民生产安置方式以及移民生活水平评价和搬迁后生活水平预测,水库移民后期扶持政策等内容。

移民安置规划编制主要包括农村移民安置、城(集)镇迁建、工矿企业迁建、专项设施迁建或者复建、防护工程建设、水库水域开发利用、水库移民后期扶持措施、征地补偿和移民安置资金概(估)算等。

654.移民安置规划大纲编制如何征求移民意见?

答:编制移民安置规划大纲应当广泛听取移民和移民安置区居民的意见,必要时,应当采取听证的方式征求移民意见。

655.农村移民安置有什么要求?

答:应当坚持以农业生产安置为主,遵循因地制宜、有利生产、方便生活、保护生态的原则,合理规划农村移民安置点;有条件的地方,可以结合小城镇建设进行。

656.城(集)镇移民安置规划有什么要求?

答:应当以城(集)镇现状为基础,节约用地,合理布局。

657.农村移民安置人口分哪两类?

答:农村移民安置人口是指因水利水电工程建设征地需恢复生产或生活条件的农村人口,分为生产安置人口和搬迁安置人口两类。

658.移民搬迁安置有哪些方式?

答:以移民安置点所在行政区域来分,主要分为本地安置和异地安置。以安置点规模来分,分为集中安置和分散安置。

659.大中型水利水电工程建设征地补偿和移民安置应当遵循哪些原则?

答:一是以人为本,保障移民的合法权益,满足移民生存与发展的需求;二是顾全大局,服从国家整体安排,兼顾国家、集体、个人利益;三是节约利用土地,合理规划工程占地,控制移民规模;四是可持续发展,与资源综合开发利用、生态环境保护相协调;五是因地制宜,统筹规划。

660.移民安置工作实行什么管理体制?

答:移民安置工作实行政府领导、分级负责、县为基础、项目法人参与的管理体制。

661.移民搬迁区停建令由谁发布、何时发布?

答:工程项目建议书批准之后,实物调查工作开始之前,工程占地和淹没区所在地的省级人民政府发布停建令通告,禁止在工程占地和

淹没区新增建设项目和迁入人口,并对实物调查工作做出安排。

662.移民搬迁区实物调查工作如何开展?

答:移民搬迁区实物调查工作由项目主管部门或者项目法人会同涉及占地所在地人民政府共同实施,实物调查应当全面准确,调查结果经调查者和被调查者签字认可并公示后,由有关地方人民政府签署意见。

663.工程占地和淹没区内的文物如何处理?

答:应当查清分布,确认保护价值,坚持保护为主、抢救第一的方针,实行重点保护、重点发掘。

664.移民安置哪些补偿费用应兑付给移民个人?

答:搬迁费以及移民个人房屋和附属建筑物、个人所有的零星树木、青苗、农副业设施等个人财产补偿费,由移民区县级人民政府直接全额兑付给移民。

665.自愿投亲靠友的移民如何管理?

答:移民自愿投亲靠友,应当由本人向移民区县级人民政府提出申请,并提交接收地县级人民政府出具的接收证明;移民区县级人民政府确认其具有土地等农业生产资料后,应当与接收地县级人民政府和移民共同签订协议,将土地补偿费、安置补助费交给接收地县级人民政府,统筹安排移民的生产和生活,将个人财产补偿费和搬迁费发给移民个人。

666.农村移民集中安置居民点基础设施如何组织建设?

答:农村移民集中安置居民点的道路、供水、供电等基础设施,由乡(镇)、村统一组织建设。

667.农村移民住房由谁建设?

答:农村移民住房应当由移民自主建造。有关地方人民政府或者村民委员会应当规划宅基地,但不得强行规定建房标准。

水利工程管理

第九章　前期工作及水利统计

一　工程前期工作

668.水利水电建设项目如何分类?

答:(1)按功能和作用,可分为公益性、准公益性和经营性三类。

公益性项目是指具有防洪、排涝、抗旱、水土保持和水资源管理等社会公益性管理和服务功能,自身无法得到相应经济回报的水利项目。如河道整治工程、水保生态建设等。

准公益性项目是指以社会效益为主,又有经济效益的水利项目。如综合利用的水库枢纽工程等。

经营性项目是指以经济效益为主的水利项目。如城市供水、水力发电及水利综合经营等。

政府投资主要用于公益性和准公益性建设项目,对于经营性建设项目,适度安排政策性引导资金,鼓励产业化发展。

(2)按投资主体,可分为政府投资项目、企业投资项目(金融机构贷款)。

政府投资项目是指利用各级政府的预算内投资、各项专项建设资金、统借国外贷款等各类政府投资资金的项目。政府投资项目可分中央政府投资项目和地方政府投资项目。政府投资资金使用方式包括直接投资、资本金注入、投资补助、转贷和贷款贴息等。

企业投资项目是指企业不使用政府投资建设的项目,项目立项实施核准制和备案制。

(3)按事权划分,可分为中央政府投资项目、地方政府投资项目。

(4)按项目规模,可分为大型、中型、小型。

(5)按项目类别,可分为水库枢纽、河道治理工程、引调水工程、灌溉排涝工程、城市防洪工程等。

(6)按建设性质划分,可分为新建项目、扩建项目、改建项目、迁建项目和重建、技术改造工程项目。

669.水利水电建设按投资来源可分为哪几类?

答:按投资来源可划分为中央政府投资、地方政府投资、利用外资、企业和私人投资、国内贷款、债券和其他投资。

中央政府投资是指中央政府对项目建设进行的投资,主要包括中央预算内投资、中央财政资金、重大水利工程建设基金、特别国债等。

地方政府投资是指地方政府(省、地市、县政府)对项目建设进行的投资,主要包括地方财政性资金、地方政府一般债券、地方政府专项债券、特别国债、水利建设基金、重大水利工程建设基金等。

利用外资指境外资金(外国及港澳台地区的含设备、材料、技术在内的资金),包括对外借款、外商直接投资、外商其他投资,不包括我国自有外汇资金(国家外汇、地方外汇、留成外汇、调剂外汇和中国境内银行自有资金发放的外汇货款等)。

企业和私人投资指企业、私人以自己名义投入的各类资金。

国内贷款指固定资产投资项目单位向银行及非银行金融机构借入用于固定资产投资的各种国内借款,包括银行利用自有资金及吸收存款发放的贷款、上级拨入的国内贷款、国家专项贷款、地方财政专项资金安排的贷款、国内储备贷款、周转贷款等。

债券是指企业或金融机构为筹集用于固定资产投资的资金向投资者出具的承诺按一定发行条件还本付息的债务凭证,主要包括企业债券,是工商企业依照法定程序发行的债券。

其他投资是指以上各种资金之外的用于水利建设的资金,包括社会集资、无偿捐赠的资金及其他单位拨入的资金等。

670.水利建设基金指什么?

答:水利建设基金是专项用于水利建设的政府性基金,由中央水利建设基金和地方水利建设基金组成。其中,中央水利建设基金主要用于关系国民经济与社会发展全局的大江大河重点工程的维护和建设;地方水利建设基金主要用于城市防洪及中小河流、湖泊的治理、维护和建设。

重大水利工程建设基金指国家为南水北调工程建设、解决三峡工程后续问题以及加强中西部地区重大水利工程而设立的政府性基金。

671.什么是地方政府一般债券和专项债券?

答:根据《国务院关于加强地方政府性债务管理的意见》(国发〔2014〕43号)的规定,地方政府债券包括一般债券和专项债券两类:一般债券用于没有收益的公益性事业,主要以一般公共预算收入偿还;专项债券用于有一定收益的公益性事业,主要以融资项目对应的政府性基金或专项收入偿还。

672.什么是中央预算内直接投资项目?

答:中央预算内直接投资项目是指国家发展改革委安排中央预算内投资建设的中央本级(包括中央部门及其派出机构、垂直管理单位、所属事业单位)非经营性固定资产投资项目。党政机关办公楼建设项目按照党中央、国务院规定严格管理。

直接投资项目实行审批制,包括审批项目建议书、可行性研究报告、初步设计。

673.中央预算内直接投资项目单位审批时应当附报哪些文件?

答:(1)城乡规划行政主管部门出具的选址意见书。

(2)国土资源行政主管部门出具的用地预审意见。

(3)环境保护行政主管部门出具的环境影响评价审批文件。

(4)项目的节能评估报告书、节能评估报告表或者节能登记表(由中央有关部门审批的项目,需附国家发展改革委出具的节能审查意见)。

(5)根据有关规定应当提交的其他文件。

674.征地补偿和移民安置资金都有哪些?

答:征地补偿和移民安置资金包括土地补偿费、安置补助费,农村居民点迁建、城(集)镇迁建、工矿企业迁建以及专项设施迁建或者复建补偿费(含有关地上附着物补偿费),移民个人财产补偿费(含地上附着物和青苗补偿费)和搬迁费,库底清理费,淹没区文物保护费和国家规定的其他费用。

675.什么是水利规划?

答:水利规划是指根据国民经济和社会发展的需要,按照水资源可持续利用的要求,组织编制的开发、利用、节约、保护水资源和防治水害的各类规划。

676.什么是规划基准年和规划水平年?

答:规划基准年是规划的社会经济和技术指标现状参数选取的年份;规划水平年就是规划的目标年份。例如"十四五"规划,规划基准年是2020年,规划水平年是2025年。一般规划有近期和远期,近期规划一般5~10年,远期10~15年。

677.水利规划体系分类有哪些?

答:根据《中华人民共和国水法》、《水利规划管理办法(试行)》(水规计〔2010〕143号)等规定,水利规划体系以国家、流域和区域三级,综合规划和专业规划两类为基本框架,形成定位清晰、功能互补、协调衔接的水利规划体系。

水利规划分为国家规划、流域规划和区域规划。国家规划包括战略规划、发展规划和专项规划。流域规划包括综合规划、专业规划和专项规划。区域规划包括发展规划、综合规划、专业规划和专项规划。

战略规划是指在国家层面,根据国家经济社会总体战略布局,为有效应对一定时期内防洪减灾、水资源利用、生态与环境保护等领域的重大挑战,保障国家防洪安全、供水安全、粮食安全、生态安全,研究制定战略目标、总体部署和对策措施。战略规划通常规划期为20~30年及以上,一般每10~15年进行修订或重新制定。

发展规划是指在国家、区域层面,根据国民经济和社会发展总体规划的要求,制定中长期水利发展与改革管理的总体思路、总体目标和阶段目标、水利发展与改革管理任务、重大工程建设布局、实施计划及保障措施等。发展规划通常规划期为5~10年,一般每5年编制一次。

防洪抗旱减灾、水资源开发利用和节约保护、农村水利、水土保持、水利政策法规、水利建设管理、农村水电、水文及水利信息化、水利科技与国际合作、水利人才开发等内容应当纳入发展规划。

综合规划是指在流域、区域层面,根据经济社会发展需要和水资源

开发利用现状编制的开发、利用、节约、保护水资源和防治水害的总体部署。综合规划通常规划期为15~20年,一般每10年左右进行修订。

专业规划是指在流域、区域层面,编制的防洪、治涝、抗旱、灌溉、供水、水力发电、水资源保护、水土保持、节约用水等规划。

专项规划是指在国家、流域、区域层面,根据经济社会发展要求及水利发展与改革管理需要,依据有关法律法规及国家方针政策等,编制的水利(含水务)重要建设与改革管理领域、重大工程方面的规划。规划期和编制周期根据实际情况而定。

678.城市防洪规划编制程序是什么?

答:城市防洪规划,由城市人民政府组织水行政主管部门、建设行政主管部门和其他有关部门依据流域防洪规划、上一级人民政府区域防洪规划编制,按照国务院规定的审批程序批准后纳入城市总体规划。修改防洪规划,应当报经原批准机关批准。

679.水土保持规划主要包括哪些内容?

答:应当包括水土流失状况,水土流失类型区划分,水土流失防治目标、任务和措施等。对流域或者区域预防和治理水土流失、保护和合理利用水土资源做出的整体部署,以及根据整体部署对水土保持专项工作或者特定区域预防和治理水土流失做出的专项部署。

680.各类规划编制工作周期一般是多长?

答:战略规划一般为1~2年,发展规划一般为2年左右,综合规划一般为2~3年,专业及专项规划一般为1~2年。

681.水利规划成果审查主要包含哪些内容?

答:主要内容为规划的必要性、规划基础、总体思路、规划目标、规划方案、环境影响评价、实施安排、实施效果等。

682.移民安置规划内容主要包括哪些?

答:主要包括农村移民安置、城(集)镇迁建、工矿企业迁建、专项设施迁建或者复建、防护工程建设、水库水域开发利用、水库移民后期扶持措施、征地补偿和移民安置资金概(估)算等。

683.移民安置规划对大中型水利水电工程建设项目有什么影响?

答:未编制移民安置规划或者移民安置规划未经审核的大中型水

利水电工程建设项目,有关部门不得批准或者核准其建设,不得为其办理用地等有关手续。

684.山西省水利建设项目进入项目储备库有哪些条件?

答:(1)在全省水利综合规划和专项规划范围内。

(2)在河流、湖泊上新建、扩建以及改建并调整原有功能的水库、拦河闸坝、引(调、提)水工程、堤防、水电站等各类水工程,取得水工程建设规划同意书后可入库。

685.山西省水利建设项目储备库分哪三级?

答:省、市、县三级水利项目储备库。

省级项目储备库由水利厅规划计划处负责管理,厅机关各业务处室、厅直单位及各市水行政主管部门的储备项目要及时入库。原则上储备5年内可开工的项目。未列入储备库的项目不予安排年度投资计划。

686.山西省水利建设项目储备库是如何管理的?

答:水利项目储备库实行分级、滚动管理,新增项目及时纳入省、市、县水利项目储备库,市、县争取省级以上投资的项目逐级推送到省级水利项目储备库。因地方规划变化等致项目发生重大变更或无法实施的,要及时调整或清理出库。原则上项目储备库每半年全面更新一次,符合条件的要及时纳入省发展和改革委员会全省项目储备库,依托发展和改革委员会建立的全省项目储备库管理系统进行管理。

687.水利基本建设项目的实施一般有哪几个阶段?

答:水利基本建设项目的实施要经过决策阶段、设计阶段、施工阶段和投产阶段。

根据《水利工程建设程序管理暂行规定》,把水利工程建设程序分为项目建议书、可行性研究报告、施工准备、初步设计、建设实施、生产准备、竣工验收、后评价等八个阶段。

688.水利工程前期工作一般有哪几个阶段?

答:一般包括3个阶段:项目建议书、可行性研究、初步设计。

项目建议书是以批准的江河流域、区域综合规划或专业、专项规划为依据,贯彻国家方针政策,遵照有关技术标准,论证项目建设的必要

性，对工程的建设方案和规模进行分析论证，评价项目的合理性。重点论证项目建设的必要性、建设规模和资金筹措方案，一般允许投资估算误差控制在±20%以内。

项目可行性研究报告应以批准的项目建议书为依据，直接开展可行性研究的项目，以批准的江河流域、区域综合规划或专业、专项规划为依据。对工程项目的建设条件进行调查和勘测，在可靠资料的基础上，进行方案比较，从技术、经济、社会、环境和节水节能等方面全面论证，评价项目建设的可行性。重点论证工程建设规模、技术方案、征地移民、环境、投资和经济评价，对重大关键技术问题进行论证。工程预备费为8%～12%。

初步设计报告应以批准的可行性研究报告为依据，认真进行调查、勘测、试验、研究，在取得可靠基本资料的基础上，进行方案技术设计。设计应安全可靠，技术先进，因地制宜，注重技术创新、节水节能、节约投资。工程概算投资预备费为5%～8%，按一般要求，初步设计概算与可行性研究报告投资估算的误差控制在±10%以内。

689.工程地质报告主要包括哪些内容？

答：工程地质报告包括以下内容：工程地质说明书，工程地质图和工程地质断面图，各种勘探、调查访问、试验、化验、观测等原始资料。

690.水文地质勘察分哪几个阶段？

答：水文地质勘察一般分为普查、初步勘探和详细勘探三个阶段进行。

691.什么是水利工程设计变更？

答：根据《水利工程设计变更管理暂行办法》（水规计〔2020〕283号），设计变更是自水利工程初步设计批准之日起至工程竣工验收交付使用之日止，对已批准的初步设计进行的修改活动。这种改变包括工程任务和规模、工程等级及建筑物级别、工程布置方案、工程结构形式和结构尺寸、工程设备型号和数量、工程施工方案等内容的变化，工程子项目增加或减少等。

692.设计变更的影响因素有哪些？

答：（1）水文、地质等工程建设条件变化。

(2)初步设计深度及质量。

(3)经济社会发展及环境变化。

(4)效益驱动、管理要求。

693.重大设计变更和一般设计变更如何划分?

答:重大设计变更:在工程规模、设计标准、总体布局、工程布置、主要建筑物结构形式、重要机电金属结构设备、重大技术问题的处理措施、施工组织设计、工程投资等方面发生变化,对工程的工期、安全、投资、效益产生重大影响的设计变更划为重大设计变更。

一般设计变更对工程质量、安全、工期、投资、效益影响较小的局部工程设计方案、建筑物结构形式、设备形式、工程内容和工程量等方面的变化为一般设计变更。水利枢纽工程中次要建筑物基础处理方案变化、布置及结构形式变化、施工方案变化,附属建设内容变化,一般机电设备及金属结构设计变化;堤防和河道治理工程的局部线路、灌区和引调水工程中非骨干工程的局部线路调整或者局部基础处理方案变化、次要建筑物布置及结构形式变化,施工组织设计变化,中小型泵站、水闸机电及金属结构设计变化等,可视为一般设计变更。

涉及工程开发任务、工程规模、设计标准、总体布局等方面变化的设计变更,要求必须征得原可行性研究报告批复部门的同意。

694.设计变更报告主要内容是什么?

答:(1)工程概况。

(2)设计变更的缘由、依据。

(3)设计变更的项目和内容。

(4)设计变更方案比选及设计。

(5)设计变更对工程任务和规模、工程安全、工期、生态环境、工程投资、效益和运行等方面的影响分析。

(6)变更方案工程量、投资以及与原初步设计方案变化对比。

(7)结论及建议。

(8)设计变更报告附件:①项目原初步设计批复文件;②设计变更方案勘察设计图纸、原设计方案相应图纸;③设计变更相关的试验资料、专题研究报告等。

695.设计变更文件编制有哪些要求?

答:(1)项目法人、施工单位、监理单位不得修改建设工程勘察、设计文件。根据建设过程中出现的问题,施工单位、监理单位及项目法人可以提出设计变更建议。

(2)工程勘察、设计文件的变更,应委托原勘察、设计单位进行。经原勘察、设计单位书面同意,项目法人也可以委托其他具有相应资质的单位进行修改,修改单位对修改的勘察、设计文件承担相应责任。

(3)重大设计变更文件编制应当满足初步设计阶段的设计深度要求,有条件的可按施工图设计阶段的设计深度进行编制,一般设计变更文件编制内容可根据工程具体情况适当简化。

696.设计变更的审批与实施有哪些要求?

答:(1)设计变更审批采用分级管理制度。重大设计变更文件,由项目法人按原报审程序报原初步设计审批部门审批。报水利部审批的重大设计变更,应附原初步设计文件报送单位的意见。

(2)一般设计变更文件由项目法人组织有关参建方研究确认后实施变更,并报项目主管部门核备,项目主管部门认为必要时可以组织审批。设计变更文件审查批准后,由项目法人组织实施。

(3)特殊情况重大设计变更的处理:

①对需要进行紧急抢险的工程设计变更,项目法人可先组织进行紧急抢险处理,同时通报项目主管部门,按照本办法办理设计变更审批手续,并附相关的资料说明紧急抢险的情形。

②若工程在施工过程中不能停工,或不继续施工会造成安全事故或重大质量事故的,经项目法人、勘察设计单位、监理单位同意并签字认可后即可施工,但项目法人应将情况在 5 个工作日内报告项目主管部门备案,同时按照本办法办理设计变更审批手续。

697.大中型水利水电工程建设项目用地手续如何办理?

答:应当依法申请并办理审批手续,实行一次报批、分期征收,按期支付征地补偿费。

对于应急的防洪、治涝等工程用地,经有批准权的人民政府决定,可以先行使用土地,事后补办用地手续。

698.大中型水利水电工程建设临时用地由什么部门负责审批?

答:由县级以上人民政府土地主管部门批准。

699.编制生产建设项目水土保持方案报告书和报告表的条件是什么?

答:征占地面积在 5 hm^2 以上,或者挖填土石方总量在 5 万 m^3 以上的生产建设项目应当编制水土保持方案报告书。

征占地面积在 0.5 hm^2 以上 5 hm^2 以下,或者挖填土石方总量在 1 000 m^3 以上 5 万 m^3 以下的生产建设项目应当编制水土保持方案报告表。

征占地面积不足 0.5 hm^2 且挖填土石方总量不足 1 000 m^3 的生产建设项目,不再办理水土保持方案审批手续,生产建设单位和个人依法做好水土流失防治工作。

水土保持方案报告书和报告表应当在项目开工前报审批部门审批。

700.水利工程前期工作成果质量评价包括哪些内容?

答:评价内容包括符合性评价和技术性评价两部分。

符合性评价是审查单位对成果编制单位资质、勘测设计从业人员资格和成果的完整性等是否符合国家有关规定要求进行评价,提出符合性评价意见。评价结论分为符合、不符合。

技术性评价是审查单位对成果的基础资料、设计依据、设计内容和工作深度等是否满足相应技术标准进行评价,提出技术性评价意见。评价结论分为合格、基本合格、不合格。

701.水利工程建设项目勘察、设计招标应当具备哪些条件?

答:①勘察设计项目已经确定;②勘察设计所需资金已落实;③必需的勘察设计基础资料已收集完成。

702.水利工程建设项目监理招标应当具备哪些条件?

答:①初步设计(实施方案)已经批准;②监理所需资金已落实;③项目已列入年度计划。

703.水利工程建设项目施工招标应当具备哪些条件?

答:根据《水利工程建设项目招标投标管理规定》(水利部令第 14 号)及《水利部关于暂时调整实施〈水利工程建设项目招标投标管理规

定〉有关条款的通知》(水建设〔2022〕346号),水利工程建设项目施工招标应当具备以下条件:①初步设计(实施方案)已经批准;②建设资金来源已落实,年度投资计划已经安排;③具有能满足招标要求的设计文件,已与设计单位签订适应施工进度要求的图纸交付合同或协议;④有关建设项目永久征地、临时征地和移民搬迁的实施、安置工作已经落实或已有明确安排。

704.现阶段水利工程建设项目重要设备、材料招标应当具备哪些条件?

答:①初步设计(实施方案)已经批准;②重要设备、材料技术经济指标已基本确定;③设备、材料所需资金已落实。

705.现阶段哪些建设项目必须进行招标?

答:①大型基础设施、公用事业等关系社会公共利益、公众安全的项目;②全部或者部分使用国有资金投资或者国家融资的项目;③使用国际组织或者外国政府贷款、援助资金的项目。

706.现阶段必须进行招标的工程建设项目金额标准是多少?

答:根据中华人民共和国国家发展和改革委员会令第16号《必须招标的工程项目规定》第五条规定,各类工程建设项目,包括项目的勘察、设计、施工、监理以及与工程建设有关的重要设备、材料等的采购,达到下列标准之一的,必须进行招标:

(1)施工单项合同估算价在400万元人民币以上的。

(2)重要设备、材料等货物的采购,单项合同估算价在200万元人民币以上的。

(3)勘察、设计、监理等服务的采购,单项合同估算价在100万元人民币以上的。

707.工程建设项目招标方式包括哪些?

答:公开招标和邀请招标。

708.招标备案报告的具体内容包括哪些?

答:招标已具备的条件、招标方式、招标组织形式、分标方案、招标计划安排、招标人资质(资格)条件、评标方法、评标委员会组建方案以及开标、评标的具体安排等。

709.评标方法主要有哪些？

答：根据《评标委员会和评标方法暂行规定》，评标方法包括经评审的最低投标价法、综合评估法或者法律、行政法规允许的其他评标方法。

710.《政府采购法》规定的政府采购方式有哪几种？

答：公开招标、邀请招标、竞争性谈判、单一来源采购、询价、国务院政府采购监督管理部门认定的其他采购方式。

711.出现哪些情况需要重新招标？

答：根据《招标投标法》及《招标投标法实施条例》，下列情况应当重新招标：

（1）《招标投标法》第四十二条：评标委员会经评审，认为所有投标都不符合招标文件要求的，可以否决所有投标。依法必须进行招标的项目的所有投标被否决的，招标人应当依照本法重新招标。

（2）《招标投标法》第六十四条：依法必须进行招标的项目违反本法规定，中标无效的，应当依照本法规定的中标条件从其余投标人中重新确定中标人或者依照本法重新进行招标。

（3）《招标投标法实施条例》第十九条：通过资格预审的申请人少于3个的，应当重新招标。

（4）《招标投标法实施条例》第二十三条：招标人编制的资格预审文件、招标文件的内容违反法律、行政法规的强制性规定，违反公开、公平、公正和诚实信用原则，影响资格预审结果或者潜在投标人投标的，依法必须进行招标的项目的招标人应当在修改资格预审文件或者招标文件后重新招标。

（5）《招标投标法实施条例》第四十四条：投标人少于3个的，不得开标，招标人应当重新招标。

（6）《招标投标法实施条例》第五十五条：国有资金占控股或者主导地位的依法必须进行招标的项目，招标人应当确定排名第一的中标候选人为中标人。排名第一的中标候选人放弃中标、因不可抗力不能履行合同、不按照招标文件要求提交履约保证金，或者被查实存在影响中标结果的违法行为等情形，不符合中标条件的，招标人可以按照评标

委员会提出的中标候选人名单排序依次确定其他中标候选人为中标人,也可以重新招标。

(7)《招标投标法实施条例》第八十一条:依法必须进行招标的项目的招标投标活动违反招标投标法和本条例的规定,对中标结果造成实质性影响,且不能采取补救措施予以纠正的,招标、投标、中标无效,应当依法重新招标或者评标。

712.水利工程建设项目招标投标活动有哪些行政监督要求?

答:事前报告、事中监督和事后备案。

二　水利统计

713.水利统计的基本任务是什么?

答:依法开展水利调查活动,进行统计分析,提供统计资料和统计咨询意见,实行统计监督。

水利统计年报主要有水利综合统计年报、水利建设投资统计年报、水利服务业统计年报。

714.水利综合统计年报由哪三类报表组成?

答:水利综合统计年报由水利发展主要指标快报表、水利综合情况统计表、水利工程基本情况统计表组成。

715.水利建设投资统计由哪两类报表组成?

答:水利建设投资统计由中央水利建设投资统计月报、水利建设投资统计年报组成。

716.水利服务业统计调查的目的和主要内容是什么?

答:水利服务业统计调查的是全面反映水利行业发展状况,监测水利单位的经济活动特征,分析水利服务对经济增长的贡献,满足国家服务业统计以及国民经济核算和水资源环境经济综合核算的需要。

水利服务业统计调查内容主要包括单位基本情况、财务状况、供水成本和价格情况、水利单位固定资产及投资情况。

717.确定水利工程规模的等级指标有哪些?

答:跨区域(流域)供水工程为“设计年供水量”,水库工程为“总库容”,水闸工程为“最大过闸流量”,泵站工程为“装机功率”,灌区工程为“设计灌溉面积”,农村集中供水工程为“设计供水人口”,农村水电站为“装机容量”。

718.水利综合统计年报中各类水利工程设施的统计口径是如何规定的?

答:根据《水利综合统计调查制度》,中华人民共和国境内(台湾省、香港特别行政区、澳门特别行政区除外)各类水利工程设施的统计口径如下:

跨区域供水工程:凡跨2个及以上县级行政区域供水的水利工程,均纳入统计。统计内容应包括:各类水源工程、输水干线工程、受水区域配套工程(不包括兼作调蓄但可独立发挥作用的水库)。

水库:按照水库定义,所有符合定义规定的均纳入统计。

水电站:按照水电站定义,统计除潮汐电站以外,所有符合定义规定的均纳入统计。

塘坝:按照塘坝定义,所有符合定义规定的均纳入统计。

窖池:统计容积在10 m^3及以上,500 m^3以下的窖池工程。

水闸:按照水闸定义,“水利综合情况统计表”统计所有水闸工程,“水利工程基本情况统计表”统计最大过闸流量大于等于5 m^3/s的水闸工程,均不含橡胶坝和冲沙闸。

泵站:按照泵站定义,“水利综合情况统计表”统计所有泵站;“水利工程基本情况统计表”统计“装机流量”大于等于1 m^3/s或“装机功率”大于等于50 kW的泵站。

机电井:按照机电井定义,所有符合定义规定的均纳入统计范围。规模以上机电井是指井口井壁管内径大于等于200 mm的灌溉机电井和日取水量大于等于20 m^3的供水机电井。

堤防:按照堤防定义,统计除生产堤、渠堤和排涝堤以外,所有符合定义规定的堤防。

农村集中供水工程:“水利综合情况统计表”统计供水规模在100人及以上的农村供水工程;“水利工程基本情况统计表”统计“设计日供水量”大于等于1 000 m^3的农村集中供水工程。

灌区:统计“设计灌溉面积”大于等于 2 000 亩的所有灌区。

农村水电站:指单站装机 5 万 kW 及以下的水电站,以及水利系统直属水电站。

第十章 水利工程建设管理

一 建设管理

719.什么是工程总承包?

答:工程总承包是指从事工程总承包的企业受业主委托,按照合同约定对工程项目的可行性研究、勘察、设计、采购、施工、试运行(竣工验收)等实行全过程或若干阶段的承包,工程总承包企业对承包工程的质量、安全、工期、造价全面负责。

720.什么是 EPC、EPCM 项目?

答:(1)EPC 是工程总承包模式的一种。

E+P+C 模式(设计采购施工)/交钥匙总承包设计采购施工总承包[EPC:Engineering(设计)、Procurement(采购)、Construction(施工)的组合]是指工程总承包企业按照合同约定,承担工程项目的设计、采购、施工、试运行服务等工作,并对承包工程的质量、安全、工期、造价全面负责,是我国目前推行总承包模式最主要的一种。交钥匙总承包是设计采购施工总承包业务和责任的延伸,最终是向业主提交一个满足使用功能、具备使用条件的工程项目。

(2)E+P+CM 模式设计采购与施工管理总承包[EPCM:Engineering(设计)、Procurement(采购)、Constructon Management(施工管理)的组合]是国际建筑市场较为通行的项目支付与管理模式之一,也是我国目前推行总承包模式的一种。EPCM 承包商是通过业主委托或招标而确定的,承包商与业主直接签订合同,对工程的设计、材料设备供应、施工管理进行全面的负责。

721.什么是 PPP 项目?

答:PPP(Public-Private Partnership),又称 PPP 模式,即政府和社会资本合作,是公共基础设施中的一种项目运作模式。在该模式下,鼓

励私营企业、民营资本与政府进行合作，参与公共基础设施的建设。

722.主体工程开工前有哪些施工准备工作?

答：①施工现场的征地、拆迁；②完成施工用水、电、通信、路和场地平整等工程；③必需的生产、生活临时建筑工程；④组织招标设计、咨询服务；⑤组织建设监理和主体工程招标投标，并择优选定建设监理单位和施工承包单位。

723.基本建设项目实行哪“四制”管理?

答：(1)项目法人责任制。基本建设项目均需实行项目法人制，落实法人主体和实施管理责任。

(2)招标投标制。按照工程建设项目招标投标规定，基本建设必须按照政府有关规定实行公开招标。

(3)建设监理制。基本建设项目，建设单位必须确定专人负责，落实现场施工管理员，规模以上项目单位应成立项目建设领导组。政府性资金投资项目和规模以上房屋新、改、扩建工程必须聘请具有法定资质的工程监理公司监理。

(4)合同管理制。基本建设项目均实行合同管理，一般项目建设合同应载明建设规模、施工周期、双方权利和义务、违约责任、工程造价等要素，规模以上项目应采用建设部门监制的施工合同文本。合同中具体条款与招标文件实质性精神不得矛盾或冲突。

724.水利工程建设项目法人如何组建?

答：水利工程建设项目可行性研究报告中应明确项目法人组建主体，提出建设期项目法人机构设置方案。

政府出资的水利工程建设项目，应由县级以上人民政府或其授权的水行政主管部门或者其他部门负责组建项目法人。

政府与社会资本方共同出资的水利工程建设项目，由政府或其授权部门和社会资本方协商组建项目法人。

社会资本方出资的水利工程建设项目，由社会资本方组建项目法人，但组建方案需按照国家关于投资管理的法律法规及相关规定经工程所在地县级以上人民政府或其授权部门同意。

725.水利工程建设项目法人组建层级是如何规定的?

答:在国家确定的重要江河、湖泊建设的流域控制性工程及中央直属水利工程,原则上由水利部或流域管理机构负责组建项目法人。

其他项目由省级人民政府或其授权部门结合本地实际,根据项目类型、建设规模、技术难度、影响范围等因素确定。其中,新建库容10亿 m^3 以上或坝高大于70 m的水库、跨地级市的大型引调水工程,应由省级人民政府或其授权部门组建项目法人,或由省级人民政府授权工程所在地市级人民政府组建项目法人。

跨行政区域的水利工程建设项目,一般应由工程所在地共同的上一级政府或其授权部门组建项目法人,也可分区域由所在地政府或其授权部门分别组建项目法人。分区域组建项目法人的,工程所在地共同的上一级政府或其授权部门应加强对各区域项目法人的组织协调。

726.水利工程施工包括哪些方面的内容?

答:水利工程施工的任务主要有三项:

(1)编制切实可行的施工组织设计。编制的依据包括工程设计任务书、建设单位(业主)的要求、建设单位提供的资料。如:工程所在地的自然条件、经济状况,设备、材料、人力等资源供应情况,工程本身的特点。

(2)优质快速完成施工任务。这是实施施工的具体过程,要求按照施工组织设计,做好施工准备,强化施工过程管理,有计划地组织施工,合理使用建设资金,确保施工质量,加快施工进度,优质快速完成施工任务。

(3)开展观测、试验、研究工作。目的是促进水利工程建设科学技术的发展。

727.水利水电工程建设项目是如何划分的?

答:分为单项工程—单位工程—分部工程—单元工程四个基本层次。

(1)单项工程:一般指具有独立设计文件的、建成后可以单独发挥生产能力或效益的一组配套齐全的工程项目。

(2)单位工程:是单项工程的组成部分。一般情况下指一个单体

的建筑物或构筑物。

（3）分部工程：是按照工程结构的专业性质或部位划分的，亦即单位工程的进一步分解。

（4）单元工程：是按主要工种、材料、施工工艺、设备类别等进行划分的，也是形成建筑产品基本部构件的施工过程，例如钢筋工程、模板工程、混凝土工程、木门窗制作等。单元工程是建筑施工生产活动的基础，也是计量工程用工用料和机械台班消耗的基本单元。

728.水利水电工程质量等级有哪些？

答：工程满足国家和水利行业相关标准及合同约定要求的程度，在安全、功能、适用、外观及环境保护等方面的特性综合，施工质量等级分为合格、优良两级。

729.什么是质量检验和质量评定？

答：质量检验是通过检查、测量、试验等方法，对工程质量特性进行的符合性评价。

质量评定是将质量检验结果与国家和行业技术标准以及合同约定的质量标准所进行的比较活动。

730.什么是见证取样？

答：在监理单位或项目法人监督下，由施工单位有关人员现场取样，并送到具有相应资质等级的工程质量检测单位所进行的检测。

731.什么是质量事故和质量缺陷？

答：质量事故是在水利水电工程建设过程中，由于建设管理、监理、勘测、设计、咨询、施工、材料、设备等原因造成工程质量不符合国家和行业相关标准以及合同约定的质量标准，影响工程使用寿命和对工程安全运行造成隐患和危害的事件。

质量缺陷指对工程质量有影响，但小于一般质量事故的质量问题。

732.水利水电建设工程按验收主持单位进行验收工作分哪两类？各包括哪些验收内容？

答：分别为法人验收和政府验收。

法人验收是指在项目建设过程中由项目法人组织进行的验收，法人验收是政府验收的基础。

法人验收应包括分部工程验收、单位工程验收、水电站(泵站)中间机组启动验收、合同工程完工验收等。

政府验收是指由有关人民政府、水行政主管部门或者其他有关部门组织进行的验收,政府验收包括阶段验收、专项验收、竣工验收等。

政府验收应由验收主持单位组织成立的验收委员会负责;法人验收应由项目法人组织成立的验收工作组负责。验收委员会(工作组)由有关单位代表和有关专家组成。

733.水利水电建设工程验收应包括哪些主要内容?

答:水利水电建设工程验收应包括以下主要内容:

(1)检查工程是否按照批准的设计进行建设。

(2)检查已完工程在设计、施工、设备制造安装等方面的质量及相关资料的收集、整理和归档情况。

(3)检查工程是否具备运行或进行下一阶段建设的条件。

(4)检查工程投资控制和资金使用情况。

(5)对验收遗留问题提出处理意见。

(6)对工程建设做出评价和结论。

734.工程项目施工质量合格和优良的验收标准是什么?

答:工程施工质量合格标准:①单位工程质量全部合格;②工程施工期及试运行期,各单位工程观测资料分析结果均符合国家和行业技术标准以及合同约定的标准要求。

工程施工质量优良标准:①单位工程质量全部合格,其中70%以上单位工程质量达到优良等级,主要单位工程质量全部优良;②工程施工期及运行期,各单位工程观测资料分析结果均符合国家和行业技术标准及合同约定的标准要求。

735.分部工程验收应具备哪些条件?

答:分部工程验收应由项目法人(或委托监理单位)主持,应具备以下条件:①所有单元工程已完成;②已完单元工程施工质量经评定全部合格,有关质量缺陷已处理完毕或有监理机构批准的处理意见;③合同约定的其他条件。

736.分部工程验收程序是什么？

答：①听取施工单位工程建设和单元工程质量评定情况的汇报；②现场检查工程完成情况和工程质量；③检查单元工程质量评定及相关档案资料；④讨论并通过分部工程验收鉴定书。

737.单位工程验收应满足哪些条件？

答：(1)所有分部工程已完建并验收合格。

(2)分部工程验收遗留问题已处理完毕并通过验收，未处理的遗留问题不影响单位工程质量评定并有处理意见。

(3)合同约定的其他条件。

(4)工程投入使用后，不影响其他工程正常施工，且其他工程施工不影响该单位工程安全运行。

(5)已经初步具备运行管理条件，需移交运行管理单位的，项目法人与运行管理单位已签订提前使用协议书。

需要提前投入使用的单位工程应进行单位工程提前投入使用验收。单位工程投入使用验收应由项目法人主持，根据工程具体情况，经竣工验收主持单位同意，单位工程投入使用验收也可由竣工验收主持单位或其委托的单位主持。

738.阶段验收主要内容是什么？

答：(1)检查已完工程的形象面貌和工程质量。

(2)检查在建工程的建设情况。

(3)检查未完工程的计划安排和主要技术措施落实情况，以及是否具备施工条件。

(4)检查拟投入使用工程是否具备运行条件。

(5)检查历次验收遗留问题的处理情况。

(6)鉴定已完工程施工质量。

(7)对验收中发现的问题提出处理意见。

(8)讨论并通过阶段验收鉴定书。

阶段验收应包括枢纽工程导(截)流验收、水库下闸蓄水验收、引(调)排水工程通水验收、水电站(泵站)首(末)台机组启动验收、部分工程投入使用验收以及竣工验收主持单位根据工程建设需要增加的其他验收。

739.什么是技术预验收?

答:技术预验收是水利水电建设工程竣工验收的一个阶段,其主要任务是:检查工程是否按批准的设计完成;检查工程是否存在质量隐患和影响工程安全运行的问题。

740.技术预验收的工作程序有哪些?

答:(1)现场检查工程建设情况并查阅有关工程建设资料。

(2)听取项目法人、设计、监理、施工、质量和安全监督机构、运行管理等单位工作报告。

(3)听取竣工验收技术鉴定报告和工程质量抽样检测报告。

(4)专业工作组讨论并形成各专业工作组意见。

(5)讨论并通过竣工技术预验收工作报告。

(6)讨论并形成竣工验收鉴定书初稿。

741.竣工验收应具备哪些条件?

答:在工程建设项目全部完成并满足一定运行条件后1年内进行。不能按期进行竣工验收的,经竣工验收主持单位同意,可适当延长期限,但最长不应超过6个月。

一定运行条件是指:①泵站工程经过一个排水或抽水期;②河道疏浚工程完成后;③其他工程经过6个月(经过一个汛期)至12个月。

742.竣工验收的主要内容有哪些?

答:竣工验收的主要内容有:①听取审查有关工作报告;②现场检查工程建设和运行情况;③协调处理有关问题;④讨论并通过《竣工验收鉴定书》。

743.监督管理工程验收的主要内容和方式是什么?

答:工程验收监督管理的方式应包括现场检查、参加验收活动、对验收工作计划与验收成果性文件进行备案等。

工程验收监督管理主要包括以下内容:①验收工作是否及时;②验收条件是否具备;③验收人员组成是否符合规范;④验收程序是否规范;⑤验收资料是否齐全;⑥验收结论是否明确。

744.《保障农民工工资支付条例》中规定人工费拨付周期不得超过多长时间?

答:人工费拨付周期不得超过1个月,逾期罚款。

745.《保障农民工工资支付条例》中政府职责是什么?

答:政府项目资金不到位导致拖欠的,由人力资源社会保障行政部门报本级人民政府批准,责令限期足额拨付所拖欠的资金;逾期不拨付的,约谈直接责任部门和相关监管部门负责人,必要时进行通报,约谈地方人民政府负责人。

746.项目后评价一般按哪三个层次组织实施?主要内容有哪些?

答:项目法人的自我评价、项目行业的评价、计划部门(或主要投资方)的评价。主要内容包括:①影响评价;②经济效益评价;③过程评价。

二 施工组织

747.水利水电工程施工导流、施工进度、施工总体布置三者之间的关系是什么?

答:水利水电工程的施工进度与导流方案密切相关,通常是根据导流方案安排控制性进度计划。对施工进度起控制作用的关键性时段主要有导流建筑物的完工期限、截断河床水流的时间、坝体拦洪的期限、封堵临时泄水建筑物的时间以及水库蓄水发电的时间等。各项工程的施工方法和施工进度直接影响到各时段中导流任务的合理性和可能性。因此,施工方法、施工进度与导流方案是密切相关的。

748.什么是施工总布置?

答:施工总布置是根据工程特点和施工条件,研究解决施工期间所需的施工工厂、交通道路、仓库、料场、房屋、动力、给排水管线及其他施工设施的布置问题。施工总布置的成果需标识在一定比例尺的施工区地形图上,构成施工总布置图。

749.什么是施工导流?

答:在河流上修建水利水电过程时,为了能使水工建筑物保持在干地上施工,用围堰来围护基坑,将河水引向预定的泄水建筑物泄向下游。

750.施工导流设计的主要任务是什么?

答:选定导流标准,划分导流时段,确定导流设计流量,选择导流方案及导流建筑物的形式,确定导流建筑物的布置、构造及尺寸,拟定导流建筑物的修建、拆除、堵塞的施工方法与截流、拦洪度汛、基坑排水等措施。

751.施工导流的基本方式有哪几种?

答:大体上可以分为分期围堰导流法和断流围堰导流法两类。

752.选择导流方案时主要考虑哪些因素?

答:(1)水文:河流流量大小、水位变幅,全年流量变化情况、枯水期的长短,汛期的延续时间、冬季流冰情况。

(2)地形条件:河床宽窄,有无河中岛等。

(3)地质及水文地质条件:河两岸的岩石及河床覆盖层厚度等。

(4)水工建筑物的形式和布置:有无隧洞、涵管等永久建筑物,坝的类型等。

(5)施工组织:施工期有无通航、筏运、供水、灌溉、水电站运行、渔业等要求,施工进度、施工方法及施工场地布置。

753.过水土石围堰的修建分哪两期?

答:第一期修建安全断面,进行截流、闭气、加高培厚,完成临时断面。第二期抽水排干基坑,修建混凝土挡墙、加高培厚、修筑堰顶及下游护坡,完成设计断面。

754.土石围堰的防渗设施有哪些形式?

答:土石围堰的防渗设施形式有黏性土质心墙和斜墙、混凝土心墙和斜墙、钢板桩心墙、沥青混凝土心墙和斜墙、高压旋喷水泥灌浆、帷幕灌浆等。

755.施工导流设计流量是如何确定的?

答:导流设计流量是指导流时段内按导流标准选择相应洪水重现期的最大流量,根据导流标准、导流时段及河流的水文特性来确定,是选择导流方案、设计导流建筑物的依据。

756.常用截流材料有哪几种?

答:截流材料有:土料,麻袋、草包、吨袋,石料、卵石竹笼,杩槎,混凝土四面体、六面体、四角体及钢筋混凝土构架等。截流材料的选择根据龙口流速,场地开挖、起重、运输设备能力,交通道路,并考虑尽可能就地取材来综合确定。

757.分段围堰导流与分期围堰导流有何区别?

答:分段是指在空间上用围堰将建筑物分成若干段施工。

分期是指在时间上将导流分为若干时期。

导流的分期数与分段数并不一定相同,因为在同一分期中,建筑物可以在一段围堰内施工,也可同时在两段围堰内施工。

758.截流的基本方法及其主要施工过程有哪些?

答:河道截流有立堵法、平堵法、立平堵法、平立堵法、下闸截流以及定向爆破截流等多种方法,但基本方法为立堵法和平堵法两种。

(1)立堵法:将截流材料从龙口的一端向另一端或从两端向中间抛投进占,逐渐束窄龙口,直至全部拦断。截流材料通常用自卸汽车在进占戗堤的端部直接卸料入水,或先在堤头卸料,再用推土机推入水中。

(2)平堵法:事先在龙口架设浮桥或栈桥,用自卸汽车沿龙口全线从浮桥或栈桥上均匀、逐层抛填截流材料,直至戗堤高出水面。

截流的主要施工过程包括戗堤的进占、龙口范围的加固、合龙和闭气等工作。

759.什么是灌注桩施工技术?

答:灌注桩施工技术是指在工程现场通过机械钻孔、钢管挤土或人力挖掘等手段在地基土中形成桩孔,并在其内放置钢筋笼、灌注混凝土而做成桩。依照成孔方法不同,灌注桩又可分为沉管灌注桩、钻孔灌注桩和挖孔灌注桩等几类。

760.施工进度图有哪些表现形式?

答:施工进度图有横道图、网络图、斜线图等。

761.施工期包括哪四个阶段?

答:施工期包括筹建期、准备期、主体工程施工期、完建期。

762.什么是上坝强度？其大小取决于哪些因素？

答：每日完成大坝填筑(浇筑)方量称为上坝强度。其大小取决于施工中的气象水文条件、导流方式、施工分期、工作面的大小、劳动力、机械设备、燃料动力供应情况等因素。

763.混凝土坝施工包括哪些工序？

答：主要包括：骨料开采、筛分、温控，水泥储存，模板制作与安装，钢筋加工与架设，供水，混凝土拌和、运输与浇筑、养护等。

764.混凝土坝施工的料场规划应遵循哪些原则？

答：①骨料质量满足要求，数量足够且有富余；②天然级配良好，可采率高；③附近有足够的堆料与回车场地，占用农田少；④开采准备工作量小，施工简便；⑤应有备用料场。

765.碾压式土石坝主体施工基本作业工序是什么？

答：基本作业工序包括：料场土石料开采、挖、装、运及坝面土料卸铺、平散、压实与质检等。

766.什么是碾压式土石坝施工的辅助作业与附加作业？

答：辅助作业是保证基本作业顺利进行、创造工作条件的作业。如清除施工场地及料场覆盖，从上坝土料中剔除超径石块、杂物，坝面刨毛、排水及加水等。

附加作业是保证坝体长期安全运行的保护及修整工作。如坝坡修整、铺砌护面块石及铺植草皮等。

767.土石坝施工料场规划应考虑哪些因素？

答：①料场距土坝运距要尽可能短；②料场开采不得影响坝体防渗稳定；③坝的上下游及左右岸最好均有料场；④低料低用，高料高用；⑤石料场应距重要建筑物和居民点有足够防爆、防震安全距离。

三 安全生产

768.安全生产“三管三必须”原则是什么？

答：管行业必须管安全、管业务必须管安全、管生产经营必须管安全。

769.安全生产设施“三同时”指什么？

答：“三同时”是指凡是新建、改建、扩建、技术改造及引进的建设项目，其劳动安全卫生设施必须符合国家规定的标准，必须与主体工程同时设计、同时施工、同时投入生产和管理。

770.安全生产方针是什么？其双重预防机制是什么？

答：安全生产方针是安全第一、预防为主、综合治理。

在企业建立的双重预防体系，即风险分级管控和隐患排查治理双重预防机制。

771.安全风险分为哪四个等级？

答：安全风险分为低风险、一般风险、较大风险、重大风险。分别用蓝色、黄色、橙色、红色表示。

772.安全检查的“四查”指哪些方面？

答：安全检查要做到查思想、查制度、查管理、查隐患。

773.生产经营单位哪些人员应当进行安全培训？

答：生产经营单位应当进行安全培训的从业人员包括主要负责人、安全生产管理人员、特种作业人员和其他从业人员。

774.安全生产许可证的有效期为几年？

答：3 年。

775.编制现场处置方案和综合应急预案的适用条件是什么？

答：事故风险单一、危险性小的生产经营单位，可以只编制现场处置方案。

生产经营单位风险种类多、可能发生多种类型事故的应当编制综合应急预案。

776.生产经营单位制定的应急预案至少多久修订一次？

答：至少每 3 年修订一次。

777.什么是危大工程？

答：根据中华人民共和国住房和城乡建设部令第 37 号，危险性较大的分部分项工程（简称“危大工程”）是指房屋建筑和市政基础设施工程在施工过程中，容易导致人员群死群伤或者造成重大经济损失的分部分项工程。

778.水利工程建设中危险性较大的分部分项工程范围主要有哪些?

答:危险性较大的分部分项工程范围主要有:基坑工程、模板工程及支撑体系、起重吊装及起重机械安装拆卸工程、脚手架工程、拆除工程、隧道、洞室等暗挖工程及人工挖孔桩、水下作业等其他工程。

779.超过一定规模的危险性较大的水利建设分部分项工程范围主要有哪些?

答:开挖深度超过 5 m(含 5 m)的深基坑工程、模板工程及支撑体系、起重吊装及起重机械安装拆卸工程、搭设高度 50 m 及以上的落地式钢管脚手架等工程、拆除工程、隧道、洞室等暗挖工程、开挖深度 16 m 及以上的人工挖孔桩、水下作业等其他工程。

780.生产安全事故分为哪四个等级?

答:生产安全事故分为一般事故、较大事故、重大事故、特别重大事故。

特别重大事故,是指造成 30 人以上死亡,或者 100 人以上重伤(包括急性工业中毒,下同),或者 1 亿元以上直接经济损失的事故;重大事故,是指造成 10 人以上 30 人以下死亡,或者 50 人以上 100 人以下重伤,或者 5 000 万元以上 1 亿元以下直接经济损失的事故;较大事故,是指造成 3 人以上 10 人以下死亡,或者 10 人以上 50 人以下重伤,或者 1 000 万元以上 5 000 万元以下直接经济损失的事故;一般事故,是指造成 3 人以下死亡,或者 10 人以下重伤,或者 1 000 万元以下直接经济损失的事故。

第十一章 水利工程质量检测

781.什么是检测？检测的目的是什么？

答：检测是对实体一种或多种性能进行检查、度量、测量和试验的活动。检测的目的是希望了解检测对象某一性能或某些性能的状况。

782.什么是水利工程质量检测？

答：水利工程质量检测是指水利工程质量检测单位（以下简称检测单位）依据国家有关法律、法规和标准，对水利工程实体以及用于水利工程的原材料、中间产品、金属结构和机电设备等进行的检查、测量、试验或者度量，并将结果与有关标准、要求进行比较以确定工程质量是否合格所进行的活动。

783.质量检测的作用是什么？

答：质量检测的作用主要有：①检测是施工过程质量保证的重要手段；②检测是工程质量监督和监理的重要手段；③检测结果是工程质量评定、工程验收和工程质量纠纷评判的依据；④检测结果是质量改进的科学依据；⑤检测结果是进行质量事故处理的重要依据。

784.哪些机构应该开展水利工程质量检测？

答：（1）施工单位、监理单位在施工过程中应按相关规定对工程施工质量进行检测。

（2）项目法人在工程施工开始，应委托具有相应资质的检测单位对工程质量进行全过程检测。项目法人可组织质量检测、监理等单位，依据相关规定编制检测方案，报质量监督机构备案。

（3）质量监督机构、竣工验收主持单位等应根据相关规定和需要，对工程质量进行抽检。在抽检工作实施前，应视检测任务要求，依据有关标准，结合工程实际，编制检测方案。

785.什么是国际单位制（SI）？实行国际单位制有什么优点？

答：国际单位制（SI）是由国际计量大会（CGPM）采纳和推荐的一种一贯单位制。国际单位制的优越性包括严格的统一性、简明性、实用性。

786.国际单位制基本单位有哪些?

答:国际单位制(SI)基本单位有7个,分别是:长度,米,m;质量,千克(公斤),kg;时间,秒,s;电流,安培,A;热力学温度,开尔文,K;物质的量,摩尔,mol;发光强度,坎德拉,cd。

787.地基处理检测主要包括哪些内容?

答:地基处理检测项目包括压实度、渗透系数、贯入度(贯入阻力)、载荷试验、桩身抗压强度、桩身搭接质量、竖向增强体质量。

788.灌浆检测主要包括哪些内容?

答:(1)帷幕灌浆和固结灌浆:孔位偏差、水泥结石的充填密实度、水泥结石与岩石胶结质量、透水率(或渗透系数)、深度、岩体波速等。帷幕灌浆还有封孔检测,即孔口封填外观质量、封孔水泥结石的密实度及芯样获得率。

(2)回填灌浆:浆液结石与围岩之间的脱空尺寸、浆液结石充填密实度、注浆量(或出浆流量)。对于设计不要求将空腔填满的部位,还需检测浆液充填厚度。

789.防渗墙检测主要包括哪些内容?

答:防渗墙检测内容主要包括渗透系数(抗渗等级)、抗压强度、墙体完整性(连续性)、墙体深度、厚度、防渗效果。塑性混凝土防渗墙还应检测墙体弹性模量。

790.基桩检测主要包括哪些内容?

答:基桩检测主要包括桩长、桩身完整性、桩身缺陷、单桩承载力及设计要求的其他检测项目。

791.锚杆、锚筋桩、锚索检测主要包括哪些内容?

答:①锚杆、锚筋桩:钢筋数量、位置偏差、钢筋直径、长度、饱满度、拉拔力。②锚索:位置偏差、长度、张拉力,必要时检测锚具硬度、饱满度。

792.堤防、渠道检测主要包括哪些内容?

答:(1)堤身(渠身):土性分析、压实度或相对密度、渗透系数、渗透坡降、内部缺陷(隐患)。

(2)堤顶(渠顶)道路:路面混凝土抗压强度、路面沥青马歇尔稳定度及流值、钢筋数量、钢筋间距、路面宽度、路面厚度、路面平整度、路肩石砌筑。

(3)堤基(渠基)应按地基检测项目开展。

793.砌石检测主要包括哪些内容?

答:(1)砌石:抗压强度、软化系数、砌筑质量、垫层厚度、砌石厚度、表面平整度、腹石砌筑、坡度、块石尺寸。

(2)浆砌石或混凝土砌石:应增加砌缝饱满度与密实度、砌缝宽度、排水孔反滤、排水孔位置,必要时可增加孔隙率检测。

794.混凝土坝检测主要包括哪些内容?

答:(1)各类混凝土坝:抗压强度、抗渗性能、抗冻性能,钢筋数量、间距和保护层厚度,裂缝、连接缝止水、内部缺陷。

(2)拱坝坝体:宜增加轴向抗拉强度、抗折性能、弹性模量。

(3)碾压混凝土坝:宜增加表观密度、轴向拉伸、抗剪性能、透水率、层间结合质量。

(4)混凝土面板坝:宜增加面板厚度、脱空。

(5)过水建筑物结构体:必要时可增加抗冲耐磨性能试验。

795.水闸混凝土结构检测主要包括哪些内容?

答:(1)闸体:抗压强度、抗渗性能、抗冻性能,钢筋数量、间距和保护层厚度,裂缝、连接缝止水、内部缺陷。

(2)混凝土墩、墙结构体:宜增加厚度。

(3)混凝土板、梁结构体:必要时可增加轴向抗拉强度、抗折性能、抗剪性能、弹性模量,承载力、挠度、抗裂度,预应力筋(索)张拉力。

(4)过水建筑物结构体:必要时可增加抗冲耐磨性能。

796.泵站、电站混凝土结构检测主要包括哪些内容?

答:(1)主体结构:抗压强度、抗渗性能、抗冻性能,钢筋数量、间距和保护层厚度,裂缝、连接缝止水、内部缺陷。

(2)楼板、梁、墙、柱结构体:必要时可增加轴向抗拉强度、抗折性能、抗剪性能、弹性模量,承载力、挠度、抗裂度,预应力筋(索)张拉力。

(3)地下厂房顶拱衬砌:必要时可增加混凝土与围岩接触面脱空。

(4)过水建筑物结构体:必要时可增加抗冲耐磨性能。

797.混凝土渠道衬砌结构检测主要包括哪些内容?

答:抗压强度、衬砌厚度、裂缝、钢筋数量、间距和保护层厚度、内部缺陷、抗冻性能、抗渗性能。

798.涵、管、倒虹吸混凝土结构检测主要包括哪些内容?

答:抗压强度、结构尺寸、钢筋数量、间距和保护层厚度,裂缝、连接缝止水、透水率、内部缺陷,必要且具备条件时可增加抗渗性能、抗冻性能。

799.渡槽混凝土结构检测主要包括哪些内容?

答:抗压强度,槽身结构尺寸,钢筋数量、间距和保护层厚度,裂缝、连接缝止水、内部缺陷,必要时可增加抗渗性能、抗冻性能、弹性模量,承载力、挠度、抗裂度,预应力筋(索)张拉力。

800.护坡、挡墙检测主要包括哪些内容?

答:①主体结构:抗压强度、墙体完整性、坡面平整度、厚度、排水孔反滤、排水孔位置,钢筋数量、间距、保护层厚度,内部缺陷。②混凝土预制块、模袋混凝土、预制连锁板护坡:应检测搭接和固定方式。

801.混凝土洞室衬砌检测主要包括哪些内容?

答:抗压强度,钢筋数量、间距和保护层厚度,内部缺陷混凝土与围岩接触面脱空衬砌厚度,必要时可检测抗渗性能。

802.水利工程金属结构检测主要包括哪些?

答:水利工程金属结构检测主要包括闸门、阀门、拦污栅、压力钢管、启闭机和清污机等。

803.闸门检测主要包括哪些内容?

答:①钢闸门:钢板厚度、化学元素分析;橡胶水封硬度、厚度、止水表面平面度;焊缝质量(焊缝外观质量、焊缝内部质量);锈蚀深度、锈蚀面积;防腐质量(防腐层厚度、防腐层附着力);结构尺寸与变形(结构尺寸、组装偏差、变形量);闸门及埋件安装质量;铸锻件内部质量;动静水启闭运行试验。②铸铁闸门:铸造外观质量、结构尺寸与变形、闸门及埋件安装质量、动静水启闭运行试验。

804.固定卷扬式启闭机检测主要包括哪些内容？

答：零部件制造组装质量（钢丝绳实测直径及不圆度、钢丝绳外观质量、钢丝绳内部质量、卷筒壁厚、卷筒铸造缺陷、开式齿轮啮合接触斑点、开式齿轮齿面硬度、开式齿轮法向啮合侧隙、制动轮与制动带接触面积、制动轮与制动带间隙、制动轮轮面硬度、电动机三相电流不平衡度、电动机绝缘电阻）、机架安装质量、运行试验（无负荷运行试验、负荷运行试验）、噪声。

805.螺杆式启闭机检测主要包括哪些内容？

答：螺杆直线度、运行试验（无荷载试验、荷载试验）、电动机三相电流不平衡度、电动机绝缘电阻、机架安装质量、运行试验（无负荷运行试验、负荷运行试验）、噪声等。

806.液压式启闭机检测主要包括哪些内容？

答：活塞杆镀铬层厚度、液压油清洁度、安装质量、试运转试验、沉降性试验，电动机三相电流不平衡度、电动机绝缘电阻等。

807.移动式启闭机检测主要包括哪些内容？

答：轨道和运行机构制造安装质量、跨中上拱度、悬臂端上翘度、试运行试验、静载试验、动载试验、固定卷扬式启闭机中的检测项目。

808.拦污和清污装置检测主要包括哪些内容？

答：①拦污栅：焊缝质量（焊缝外观质量、焊缝内部质量）、栅体和栅条间距尺寸、防腐质量（防腐层厚度、防腐层附着力）；②抓斗式清污机：空运转试验、空载试验、负荷试验；③回转式清污机：空载运行试验、静载试验。

809.钢管设备及安装检测主要包括哪些内容？

答：壁厚、结构尺寸、安装质量（安装中心和里程极限偏差、钢管横截面形状偏差、伸缩节安装质量）、焊缝质量（焊缝外观质量、焊缝内部质量）、锈蚀深度和锈蚀面积、防腐质量（防腐层厚度、防腐层附着力）、水压试验（压力钢管必做）。

810.焊接缺陷常用的检验方法有哪些？

答：焊接缺陷常用的检验方法有射线检验、超声波探伤、磁粉探伤、渗透探伤。

811.泵站主水泵检测主要包括哪些内容?

答:振动、噪声、转速、效率、压力脉动、具有形状和位置公差要求的几何量(叶片、叶轮室、导叶过流部件变形,泵壳变形,泵轴弯曲、叶片与泵壳间隙)、缺陷(叶片叶轮室、导叶过流部件磨蚀,泵壳磨蚀,泵轴裂纹及轴颈磨损,轴承、轴瓦磨损)、叶片调节机构的灵活度、回复杆的行程以及调节装置的渗漏。

812.泵站主电动机检测主要包括哪些内容?

答:(1)机械部分:振动、气隙、具有形状和位置公差要求的几何量[主轴弯曲,机座、机架及油箱(轴承室)变形,风扇叶片变形]、缺陷[主轴裂纹及轴颈磨损,机座、机架及油箱(轴承室)裂纹,推力头、镜板及轴瓦(轴承)磨损,滑环接触表面烧蚀和磨损,风扇叶片变形及裂纹]。

(2)电气部分:绝缘电阻、直流电阻、直流耐压性能、交流耐压性能、泄漏电流、吸收比。

813.自动控制设备和监控设施检测主要包括哪些内容?

答:(1)控制柜:继电保护器(时间、电流、电压)、接触器(外观质量、绝缘电阻、弹跳时间)、断路器(外观质量、绝缘电阻、弹跳时间)。

(2)传感器和开度仪:位移传感器(外观质量、位移、行程)、温度传感器(外观质量、温度)、压力传感器(外观质量、压力)、荷载传感器(外观质量、荷载)、开度仪(闸门开度)。

814.高压电气设备检测主要包括哪些内容?

答:(1)电力变压器:绕组连同套管的直流电阻、绕组连同套管的绝缘电阻和吸收比或极化指数、绕组连同套管的介质损耗因数 $\tan\delta$、绕组连同套管的直流泄漏电流、绕组连同套管的交流耐压性能、所有分接头的变压比、绝缘油击穿电压。

(2)高压开关设备:绝缘电阻、开关导电回路的电阻、交流耐压性能。

(3)低压电器:低压电器连同所连接电缆及二次回路的绝缘电阻、阻器和变阻器的直流电阻、低压电器连同所连接电缆及二次回路的交流耐压性能。

(4)电力电缆:绝缘电阻、直流耐压性能和泄漏电流、交流耐压

性能。

(5)接地装置:接地网电气完整性、接地阻抗。

815.泵站传动装置检测主要包括哪些内容?

答:振动、联轴器的同轴度、具有形状和位置公差要求的几何量(传动轴变形),齿轮箱漏油、缺陷(传动轴裂纹、磨损,联轴器缺陷、齿轮磨损,齿轮箱、轴承箱裂纹、轴承磨损)。

816.泵站性能测试的参数主要有哪些?

答:泵站性能测试的参数主要有效率、流量、扬程、功率、转速、振动、噪声等。

817.电动机输入功率测定方法一般有哪几种?

答:电动机输入功率测定方法一般有瓦特表法、电能表法、功率变送器法、多功能电量测量仪法。

第十二章　水利工程运行管理

一 综合

818.我国有哪七大流域管理机构？

答：①长江水利委员会；②黄河水利委员；③海河水利委员会；④珠江水利委员会；⑤淮河水利委员会；⑥松辽水利委员会；⑦太湖流域管理局。

819.水利工程管理的基本任务是什么？

答：保护和合理运用已建成的水利工程设施，调节水资源为社会经济发展和人民生活服务，正确运用和养护维修灌排工程设施，使之处于完好状态，安全正常运行，充分发挥工程效益。

820.水利行业强监管主要包括哪些方面？

答：水利行业强监管主要包括：①江河湖泊的监管；②水资源的监管；③水利工程的监管；④水土保持的监管；⑤水利资金的监管；⑥行政事务工作的监管。

821.工程管理范围与保护范围指什么？

答：管理范围是由水工程管理单位直接管理的区域。保护范围是在管理范围以外，为保护水工程安全管理所需而划定的范围。

822.为什么要划定水利工程保护范围？

答：为了防止在水利工程设施周边进行对工程设施安全有不良影响的其他活动，满足工程安全运行需要而划定的一定范围，保护范围内的土地使用权没有改变。

823.什么是水利风景区？

答：水利风景区是指以水利设施、水域及其岸线为依托，具有一定规模和质量的水利风景资源与环境条件，通过生态、文化、服务和安全设施建设，开展科普、文化、教育等活动或者供人们休闲游憩的区域。

二 水库大坝

824.大坝安全类别分哪几种?

答:水库大坝应定期进行安全鉴定,首次安全鉴定在竣工验收后5年内进行,以后每隔6~10年开展一次。安全类别分为一类坝、二类坝、三类坝。

一类坝安全可靠,能按设计正常运行;二类坝基本安全,可在加强监控下控制运用;三类坝不安全,属病险水库,需除险加固、降等或报废。

825.《水库大坝安全管理条例》适用哪些水库大坝?

答:适用于中华人民共和国境内坝高15 m以上或者库容100万m^3以上的水库大坝。大坝包括永久性挡水建筑物以及与其配合运用的泄洪、输水和过船建筑物等。

坝高15 m以下、10 m以上或者库容100万m^3以下、10万m^3以上,对重要城镇、交通干线、重要军事设施、工矿区安全有潜在危险的大坝,其安全管理参照《水库大坝安全管理条例》执行。

826.库区管理范围和保护范围是如何划定的?

答:管理范围:按设计文件中规定的设计洪水位以下范围;保护范围:从管理范围边缘线向外水平延伸100~300 m。

827.大坝的管理范围和保护范围是如何划定的?

答:管理范围:大坝两端向左右方向水平延伸200~400 m,小型水库可延伸150~300 m;下游从坝背水坡脚或闸的海漫末端向下游水平延伸,中型水库延伸100~200 m,小型水库延伸30~100 m。

保护范围:从管理范围边缘线向外水平延伸50~100 m,小型水库延伸30~50 m。

828.水库管理范围分哪几个区域?

答:水库管理范围包括运行区、工程区和库区三个区域。

829.在水库保护范围内禁止从事哪些活动?

答:禁止爆破、打井、采石、取土等活动。

830.怎样理解水库调度规程?

答:水库调度规程是水库调度运用的依据性文件,应明确调度任务,提高水库调度的计划性和预见性。各项调度的主要内容包括调度任务与原则、调度条件与调度依据、调度方式等。

831.水库调度运用的原则是什么?

答:在保证水库工程安全的前提下,根据规划设计的开发目标和兴利主次关系,结合库区迁安和下游河道安全泄量的实际情况,本着局部服从整体、兴利服从防洪的原则调度。在具体运用中,整体要照顾局部、防洪要兼顾兴利,统一领导,全面安排,把灾害降低到最小范围,将效益扩大到最大限度。

832.什么是水库调度和水库调度方式?

答:水库调度是指确定水库运用中决策变量(电站出力、供水量、弃水量、时段末库水位等)与状态变量(时段初库水位、入库流量、时间等)间关系的工作。

水库调度方式是指为满足既定的防洪、兴利等任务和要求而拟定的水库蓄泄规则,由运行管理单位根据枢纽实际条件和调水调沙要求确定控泄方式。

833.什么是水库调度计划?主要内容包括哪些?

答:水库调度计划是水库主管部门或运行管理单位根据水库原设计和历年运行制定的水库运用指标、水库调度方式及水库所承担的各方面任务要求制定的指导水库各阶段运行的执行计划。

水库调度计划主要内容包括:当年的入库径流量及过程的预测,各运行期的运行方式及各种控制水位,遭遇各种洪水的调度规则,兴利计划供水过程和计划效益指标(如灌溉面积及计划供水过程、计划发电出力过程及年发电量、工业及城市供水计划与供水量等),以及在调度中应注意的事项等。

834.梯级水库或水库群防洪联合调度遵循的主要原则是什么?

答:梯级水库或水库群的防洪联合调度,指同一河流上、下游的各水库或位于干、支流的各水库为满足其下游防洪要求进行的调度。

对同一河流的上、下游水库,当发生洪水时,一般上游水库先蓄后

放，下游水库先放后蓄，以尽量有效地控制区间洪水；对位于不同河流（如干、支流）的水库，由于影响因素很多，应遵循水库群整体防洪效益最大原则确定。

835.水库兴利调度的主要任务是什么？

答：利用水库调蓄能力，按批准的计划抓紧时机进行蓄水。根据水库实际蓄水量、预报来水量和各部门不同时期的用水量，通过综合平衡制订供水计划。加强用水管理，充分发挥水资源的综合效益。

836.对大坝的泄洪、输水闸门等设施操作有哪些规定？

答：非大坝管理人员不得操作大坝的泄洪闸门、输水闸门以及其他设施。大坝管理人员操作时应当遵守有关的规章制度。禁止任何单位和个人干扰大坝的正常管理工作。

837.在大坝周围从事相关活动有哪些要求？

答：禁止在坝体修建码头、渠道，堆放杂物、晾晒粮草。在大坝管理和保护范围内修建码头、鱼塘的，须经大坝主管部门批准，并与坝脚和泄水、输水建筑物保持一定距离，不得影响大坝安全、工程管理和抢险工作。

838.水库工程检查工作分哪几类？

答：水库工程检查工作分为经常检查、定期检查、特别检查和安全鉴定。

839.水库大坝主要巡查哪些部位？

答：水库大坝主要巡查坝体、坝基、坝肩、各类泄洪输水设备及其闸门，以及对大坝安全有重大影响的近坝区岸坡和与大坝安全有直接关系的建筑物和设施。

840.水库年度巡视检查一般在何时进行？

答：水库年度巡视检查一般在每年汛前、汛后、用水期前后和冰冻严重时，一般每年不少于2~3次。当水库遇到强降雨、大洪水、有感地震，以及库水位骤升骤降或水库放空时应进行特别巡视检查。

841.水库大坝年度检查主要包括哪些内容？

答：主要包括5项内容，分别是：①检查水库当前安全状况；②检查水工及水文观测工作情况；③检查水库调度运行情况；④检查安全管理责任制落实情况;⑤检查大坝巡视检查人员及经费落实情况。

842.水库大坝巡视检查主要采取哪些方法?

答:巡视检查的方法主要以眼看、耳听、脚踩、手摸等直观的方法,辅以锤、钎、钢卷尺等简单工具对工程表面和异常现象进行检查测量。

843.检查水库工程金属结构应注意哪些问题?

答:应结合构件部位受外界因素影响条件,注意结构有无变形、裂纹、锈蚀、气蚀、油漆剥落、磨损、振动以及焊缝开裂、铆钉或螺栓松动等现象。

844.水库坝顶、坝坡的养护标准是什么?

答:坝顶应达到坝顶平整,无积水,无杂草,无弃物;防浪墙、坝肩、踏步完整,轮廓鲜明;坝段无裂缝,无坑凹,无堆积物。

坝坡应达到坡面平整,无雨淋沟壕,无灌木、杂草滋生;护坡砌块应完好,砌缝紧密,无松动、塌陷、脱落、风化、冻毁或架空现象。

845.土坝运行中常出现哪些问题?如何处理?

答:常见问题有坝坡损坏,土坝裂缝、滑坡,坝体及坝基渗漏等。裂缝和渗漏的处理方法如下:

(1)裂缝:根据裂缝的危险程度,可分为非滑动性裂缝和滑动性裂缝。

非滑动性裂缝的处理方法:除对坝体表面的龟形裂缝,采用刨松表土、湿润夯实、铺砂保护的措施外,主要是开挖回填和灌浆。

滑动性裂缝的处理方法:首先按照滑坡的出现场合,分别采取降低库水位、停止放水等方法,防止滑坡进一步发展。

(2)渗漏:坝体渗漏时,在迎水坡增设黏土防渗斜墙,斜墙表面做一层砂石或砂性土的保护层,恢复原坝坡。

(3)滑坡:滑坡体的开挖与回填应符合"上部减载"与"下部压重"的原则,采取开挖回填、放缓坝坡、压重固脚、加强防渗设施、加强排水设施等措施。

坝基渗漏时,可根据透水层的深浅补做截水槽或黏土铺盖。

846.土石坝检查应注意哪些问题?

答:应注意坝身有无裂缝、塌坑、滑坡及隆起现象;有无害虫及害兽

活动；迎水坡有无风浪冲刷；背水坡有无散浸及集中渗漏；坝头岸坡有无绕渗；坝趾有无流土管涌迹象；减压工程和排水导渗设施有无堵塞、破坏、失效，以及铺盖的防渗性是否良好。

847.土坝日常管护重点应注意哪些方面？

答：土坝日常的管理和养护应做到“五防”，即防滑、防漏、防裂、防沉和防坝面破坏，主要应注意下列事项：

（1）观察有无裂缝。对重要的裂缝应观察其大小、方向、位置、缝距及发展情况。对平行坝轴线纵缝应注意观察是否有滑坡的迹象；对垂直坝轴线的横缝，应观察有无上下游贯通的危险。

（2）观察下游坝脚、坝端与两岸接头处有无散浸、漏水、管涌及流土等现象；观察排水设备的渗水有无骤然增减及出现浑水等现象。

（3）观察坝面有无塌陷、草皮破坏、块石翻起等破坏现象。检查排水沟有无堵塞，坝顶路面是否完好等。

848.土坝干砌石护坡的养护有哪些要求？

答：及时填补、揳紧脱落或松动的护坡石料；及时更换风化或冻损的块石，并嵌砌紧密；块石塌陷、垫层被淘刷时，应先翻出块石，恢复坝体和垫层后，再将块石嵌砌紧密。

849.土坝草皮护坡的养护有哪些要求？

答：经常修整草皮、清除杂草、洒水养护、保持美观；出现雨淋沟缺时，应及时还原坝坡，补植草皮。

850.混凝土坝检查应注意哪些问题？

答：应注意坝体有无沉陷、裂缝、渗漏、剥蚀、冲刷、磨损、气蚀及脱碱等现象；伸缩缝止水有无损坏，填充物有无流失；坝墩及基座岩体是否稳固；廊道是否漏水；灌浆帷幕有无损坏迹象；反滤排水设备的渗水有无骤增骤减及浑浊现象；塔架有无倾斜；坝头岸坡及坝趾有无集中渗漏等。

851.坝顶巡视应检查哪些内容？

答：有无裂缝、异常变形、积水或者植物生长的现象，防浪墙有无裂缝、挤碎、架空、错断、倾斜等情况。

852.坝基巡视应检查哪些内容?

答:基础排水设施的工况是否正常;渗漏水的水量、颜色、气味及浑浊度、酸碱度、温度有无变化。

853.发现坝体裂缝应如何处理?

答:处理坝体裂缝,应根据不同情况,分析裂缝原因,分别采取不同措施。对表面干缩裂缝和冰冻裂缝,一般可做封闭处理;其他裂缝多用开挖回填夯实和灌浆等措施处理,但对滑坡裂缝不宜采用灌浆办法。

三 防汛抗旱

854.暴雨预警信号分哪几级?

答:暴雨预警信号分为蓝色、黄色、橙色和红色四个级别。

蓝色预警信号为12 h内降雨量将达到50 mm以上或已经达到50 mm以上且降雨可能持续;

黄色预警信号为6 h内降雨量将达到50 mm以上或已经达到50 mm以上且降雨可能持续;

橙色预警信号为3 h内降雨量将达到50 mm以上或已经达到50 mm以上且降雨可能持续;

红色预警信号为3 h内降雨量将达到100 mm以上或已经达到100 mm以上且降雨可能持续。

855.防洪应急响应分哪几级?

答:分四级,一级响应为红色,二级响应为橙色,三级响应为黄色,四级响应为蓝色。

856.防洪应急响应的标准是什么?

答:一级应急响应(红色)标准:①某个流域发生特大洪水;②多个流域同时发生大洪水;③主要干流重要河段堤防发生决口;④大中型水库之一发生垮坝。

二级应急响应(橙色)标准:①某个流域发生大洪水;②主要干流一般河段及主要河流堤防发生决口;③多处市、县发生严重洪涝灾害;④重点小型水库(直接危及县城、乡镇)发生垮坝。

三级应急响应(黄色)标准:①辖区内发生较大洪水;②主要干流堤防和主要河流出现重大险情;③大中型水库出现严重险情或小型水库发生垮坝。

四级应急响应(蓝色)标准:①辖区内发生一般洪水或数县(市、区)发生较大洪水;②主要干流出现险情或主要河流发生严重险情;③中型水库出现险情或小型水库出现严重险情。

857.什么情况下可以宣布进入紧急防汛期?

答:在江河、湖泊的水情接近保证水位或者安全流量,水库水位接近设计洪水位,或者防洪工程设施发生重大险情时,有关县级以上人民政府防汛指挥机构可以宣布进入紧急防汛期。

858.什么是防洪调度?

答:防洪调度就是通过蓄、泄、滞、分等措施,人为改变天然洪水的时间、空间分布规律,以达到减免洪水灾害的目的。

859.水库防洪调度的主要任务是什么?

答:水库防洪调度的主要任务是确保工程安全,腾出防洪库容,拦蓄洪水,削减洪峰,减免洪水灾害,并为非汛期工农业和城市生活储备水源。在汛期,所有水库都必须从最坏处着想,对各类洪水有所安排,并尽可能为下游防洪和排涝提供有利条件。

860.提高水库防洪能力的措施有哪些?

答:①扩大溢洪道的宣泄能力;②修建非常溢洪道;③改建、扩建大坝工程;④限制汛期蓄水;⑤提高管理运用水平。

861.我国的防汛指挥机构是如何设置的?

答:国务院设立国家防汛指挥机构,负责领导、组织全国的防汛抗洪工作,其办事机构设在国务院应急管理主管部门。在国家确定的重要江河、湖泊可以设立由有关省、自治区、直辖市人民政府和该江河、湖泊的流域管理机构负责人等组成的防汛指挥机构,指挥所管辖范围内的防汛抗洪工作,其办事机构设在流域管理机构。

有防汛抗洪任务的县级以上地方人民政府设立由有关部门、当地驻军、人民武装部负责人等组成的防汛指挥机构,在上级防汛指挥机构和本级人民政府的领导下,指挥本地区的防汛抗洪工作,其办事机构设在同级应急管理主管部门。

在汛期,水库、闸坝和其他水工程的运行必须服从防汛指挥机构的调度、指挥和监督。

防汛抗洪工作实行各级人民政府行政首长负责制,统一指挥,分级分部门负责。

862.县级以上人民政府应该做哪些防汛准备工作?

答:有防汛任务的县级以上人民政府,应当根据流域综合规划、防洪工程实际状况和国家规定的防洪标准,制订防御洪水方案(包括对特大洪水的处置措施)。

四 灌溉工程

863.何谓泵站能源单耗?

答:能源单耗是指机组提水 1 000 t、提高 1 m 所消耗的能源数量(单位是 kW · h)。

864.机电灌站 8 项技术指标是什么?

答:机电灌站 8 项技术指标是设备完好率、能源单耗、用水定额、灌排成本、单位功率效率、渠系水利用系数、自给率、产量。

865.灌区技术经济考核指标有哪些?

答:灌区技术经济考核指标主要有引用水量、灌溉面积、灌溉水利用系数、灌溉效率和灌溉模数、灌溉定额、工程设备完好率、收入和支出、主要农作物产量等。

866.井灌区管理方面包括哪些技术经济指标?

答:井灌区管理技术经济指标包括机井完好率、设备完好率、能源单耗、单位流量控制的灌溉面积、灌水定额、灌溉成本、单位水量成本。

867.潜水泵在运行时应注意哪些问题?

答:(1)保持一定的安全淹没深度。

(2)电机决不能露出水面或陷入泥中。

(3)运行中发现水量减少或中断,应立即停机检查。

(4)电缆不能受力,不能与井壁摩擦。

868.离心泵为何要关阀启动？

答：根据离心泵的性能曲线特点，水泵关闸时其流量为零，电机负荷最小，随着阀门的逐渐开启，流量逐渐加大，电机负荷亦随之逐渐加大，至其工作点时达到其正常工作状态，此过程中泵机均处于安全运行状态之下。如开阀启动，流量无控制，电机电流处于最大状态，易烧毁电机，破坏电气设备。

869.电动机铭牌标注的主要运行参数有哪些？

答：电动机铭牌标注的主要运行参数有功率、电压、电流、转速、频率、功率因数、防护等级等。

870.泵站断流方式及适用流道分别是什么？

答：泵站的断流方式有真空破坏阀、拍门和快速闸门三种。真空破坏阀用于虹吸式出水流道，拍门和快速闸门用于直管式或屈膝式出水流道。

871.高压开关柜“五防”包括哪些内容？

答：①防止误分、误合断路器；②防止带负荷拉、合隔离开关或手车触头；③防止带电挂（合）接地线（接地刀闸）；④防止带接地线（接地刀闸）合断路器（隔离开关）；⑤防止误入带电间隔。

872.高压开关柜四种状态分别是什么？

答：高压开关柜四种状态分别是运行、热备用、冷备用、检修四种状态。

（1）运行状态：隔离开关、断路器均在合闸位置，保护装置运行，设备带电。

（2）热备用状态：隔离开关在合闸位置，断路器在分闸位置，保护装置运行。

（3）冷备用状态：隔离开关、断路器均在分闸位置，保护装置停用。

（4）检修状态：隔离开关、断路器均在分闸位置，保护装置停用，接地刀闸闭合。

873.隔离开关作用是什么？

答：①保证装置在检修工作时有明显可见的、足够大的空气绝缘间隔；②用来进行电路的切换操作；③分合小容量负荷回路，如互感器、避雷器等。

874.什么是负荷开关?

答:负荷开关可以带负荷分合额定电流以及规定的过载电流。

875.互感器作用是什么?

答:①对线路中电压、电流、电能进行测量;②与继电装置配合,保护系统和设备;③使测量仪表、保护装置与系统高压隔离,保证人员和二次装置安全;④将线路电压、电流转换成统一的标准值,使仪表和保护装置标准化。

876.水泵运行时巡查的主要内容有哪些?

答:水泵运行时巡查的主要内容有流量、水位、压力、温度、振动、声音、油位油质、渗漏、技术供水等。

877.电动机运行时巡查的主要内容有哪些?

答:电动机运行时巡查的主要内容有电流、电压、功率、温度、振动、噪声、油位等。

878.变压器运行时巡查的主要内容有哪些?

答:变压器运行时巡查的主要内容有声响、温度、油位油质、保护装置、套管、压力释放阀、电气连接部位、通风散热等。

879.直流系统巡查的主要内容有哪些?

答:直流系统巡查的主要内容有电压、电流、充电装置工作状态、蓄电池表面、连接点、极板和温度。

880.架空线路巡查的主要内容有哪些?

答:架空线路巡查,主要检查沿线树枝、易燃物、建筑物、施工等影响,检查塔杆、导线、拉线以及固定连接处。

881.泵站设备日常维护的主要内容包括哪些?

答:泵站设备日常维护的主要内容包括清洁、润滑、紧固、调整、防腐、小部件更换等。

882.水泵为什么要定期检修?

答:①为了及时发现和排除设备存在的缺陷;②为避免小缺陷变成大缺陷、小问题变成大问题,从而避免造成事故;③保证机组良好技术状态,延长机组使用寿命,提高设备完好率等。

883.水泵维护的主要内容有哪些?

答:水泵维护的主要内容有清擦、吸扫灰尘,检查保养轴承,调整更换盘根,揭盖清理泵腔,测量各类间隙、紧力。

884.电动机维护的主要内容有哪些?

答:电动机维护的主要内容有清擦、吸扫灰尘,测量电动机绝缘电阻,检查保养滑环电刷、轴承等。

885.变压器维护检查的主要内容有哪些?

答:变压器维护检查的主要内容有检查保护系统、监测装置、冷却系统、器身外表,检查接地装置,清扫绝缘子瓷件,检查并拧紧引出线接头,测量线圈绝缘电阻,清除油枕集泥器中的油污,检查呼吸器的吸潮剂。

886.电动机过热的主要原因有哪些?

答:①电源方面,电压过高或过低,三相电源缺相,三相电流不平衡;②过载运行;③电机绕组短路或断路;④端子接法错误;⑤电动机机械故障;⑥通风散热不良。

887.轴承过热的主要原因有哪些?

答:①轴承损坏;②润滑油过多、过少或油质不合格;③轴承与轴、端盖配合过松或过紧;④轴承盖未装平;⑤联轴器不同心。

888.设备大修的内容包括哪些?

答:设备全部解体,修理基准部件,修复或更换全部磨损、损坏部件,修理和调整电气部分,设备调整、润滑、紧固、外表涂漆等。

889.人体与带电设备最小的安全距离是多少?

答:10 kV 以下为 0.7 m,35 kV 为 1 m,110 kV 为 1.5 m。

890.何谓直接启动?它有何特点?

答:直接启动是指在定子绕组上直接加上它的额定电压。这种启动方法设备简单,操作方便。当电源容量足够大时,应尽量采用这种启动方法。这种启动方法启动电流较大。

891.软启动器的功能及特点是什么?按原理主要分为哪几类?

答:软启动器是对交流异步电动机的启动、运行、停车的智能化控制和保护装置。能无阶跃平滑地启动或停止电动机。可有效降低启动电流,减少对机械传动设备和电网的冲击。

软启动器按原理分为:液态水阻软启动器、固态可控硅和磁控软启动器、干式调压软启动器等。

五 城乡供水

892.农村饮水安全管理“三个责任”是什么?

答:“三个责任”是指地方人民政府承担农村饮水安全保障的主体责任,水行政主管部门承担行业监管责任,供水单位承担运行管理责任。

农村饮水安全省级政府负总责,市级政府要为县级政府履行职责创造条件,县级政府是农村饮水安全的责任主体,乡镇政府对管辖范围内的农村饮水安全负责。

893.农村供水工程运行管理“三项制度”是什么?

答:“三项制度”是指建立县级农村供水工程运行管理机构、制定工程运行管理办法和落实工程运行管理经费。

894.地表水取水设施维护有什么要求?

答:(1)经常清除取水口处的藻类、杂草和其他漂浮物。

(2)经常检查取水口设施所有传动部件、阀门的运行情况,按规定加注润滑油,并擦拭干净。

(3)对输水管,应经常沿线进行巡视、检查,处理管线和附件的漏水、失灵、丢失、占压等问题。

895.地下水取水设施维护有什么要求?

答:(1)水源井的取水量应符合当地相关要求。

(2)水源井每运行半年测定一次井水位,发现出水量不足时,应采取洗井措施。

(3)应防止地表径流、污水、垃圾等进入地下水取水设施,保持周围环境整洁。

896.农村饮用水水源保护“划、立、治”是指什么?

答:(1)划:划定水源保护区(范围)。水源保护区(范围)是指为

防止饮用水水源地污染、保障水源水质而划定的,并要求加以保护的一定范围的水域和陆域。

(2)立:立标志牌。水源保护区(范围)的边界需要设立明确的地理界标和明显的警示牌,并根据需要增设围栏、围网等。

(3)治:环境综合整治。整治保护区内环境违法问题,加强水源周边生活污水、垃圾及畜禽养殖废弃物的处理处置,综合防治面源污染。

897.饮用水水源有哪些防护要求?

答:地表水水源取水点周围半径 100 m 的水域内,严禁捕捞、网箱养殖,停靠船只、游泳和从事其他可能污染水源的任何活动。取水点上游 1 000 m 至下游 100 m 的水域不得排入工业废水和生活污水,其沿岸防护范围内不得堆放废渣,不得设立有毒、有害化学物品仓库、堆栈,不得设立装卸垃圾、粪便和有毒有害化学物品的码头,不得使用工业废水或生活污水灌溉及施用难降解或剧毒的农药,不得排放有毒气体、放射性物质,不得从事放牧等有可能污染该段水域水质的活动。

地下水水源防护要求:在井的影响半径范围内,不得使用工业废水或生活污水灌溉和施用难降解或剧毒的农药,不得修建渗水厕所、渗水坑,不得堆放废渣或铺设污水渠道,并不得从事破坏深层土层的活动。人工回灌的水质应符合生活饮用水水质要求。

898.供水计量设施不合格或者运行不正常怎样处理?

答:根据《取水许可和水资源费征收管理条例》的规定,计量设施不合格或者运行不正常的,责令限期更换或者修复;逾期不更换或者不修复的,按照日最大取水能力计算的取水量和水资源费征收标准计征水资源费,可以处 1 万元以下罚款;情节严重的,吊销取水许可证。

899.农村供水工程为什么要实行用水计量?

答:①收取水费有依据。抄表计费让用水户规范用水、明白缴费。②促进节约用水。用水计量让用水户珍惜来之不易的水,提高用水户的节约用水意识。

900.农村供水的成本包括哪些内容?

答:《农村集中供水工程供水成本测算导则》(T/JSG S001—2020)规定,供水成本包括生产成本和费用两部分。其中,生产成本由原水费、原材料费、动力费、职工薪酬、日常维护费、废水和污泥处理费、水质检测费、大修费、固定资产折旧费以及其他生产成本构成；费用包括管理和销售费用，以及财务费用等。

901.农村集中供水工程的水价是怎么确定的？

答：农村集中供水工程的水费计收应遵循补偿供水成本、合理收费、公平负担的原则，并考虑用水户的承受能力。①乡镇集中供水工程及城镇水厂管网延伸供水水价，一般执行政府指导价，由当地价格主管部门审批；②单村供水工程可结合工程的实际情况，通过村委会、管水组织和用水户代表等协商确定水价。

902.农村集中供水工程的水价有哪几类？

答：农村集中供水工程的水价主要包括以下几类：①单一制计量水价，即按方收费。②两部制水价，即基本水价+计量水价，指当用水户用水量未超过基本水量时，收费为固定值，基本水价不宜过高，可按每人每月基本水量 1 t 确定；当用水量超过基本水量时，超出部分按计量水量计收水费。③固定水价，即按户（或人）每月（或年）定价。④阶梯水价，不同用水量范围的水价不同，通常用水量越大，水价越高。

903.国家农业水价改革的总体目标是什么？

答：用 10 年左右时间（2016—2025 年），建立健全合理反映供水成本、有利于节水和农田水利体制机制创新、与投融资体制相适应的农业水价形成机制；农业用水价格总体达到运行维护成本水平，农业用水总量控制和定额管理普遍实行，可持续的精准补贴和节水奖励机制基本建立，先进适用的农业节水技术措施普遍应用，农业种植结构实现优化调整，促进农业用水方式由粗放式向集约化转变。

904.农村供水工程水质检测点如何设置？

答：城市管网延伸工程只检测管网末梢水，一般按每覆盖农村供水 5 万人口设置 1 个检测点，不足 5 万人的至少设置 1 个检测点；规模以上集中供水工程检测水源水、出厂水和管网末梢水，水源水和出厂水为必检，管网末梢水检测点按照每 2 万供水人口设置 1 个检测点，供水人口 2 万人以下时检测点设置应不少于 1 个；小型联村供水工程检测出厂水和管网末梢水，末梢水检测点按照村庄所在地理位置选取，并按照

村庄数的 1/20 比例设置并不少于 1 处;单村供水工程(包括分散式供水)只检测管网末梢水,采取随机抽取的方法进行。

905.如何开展农村供水工程监督检查工作?

答:水利部及县级以上地方人民政府水行政主管部门是农村供水工程的监督检查单位,负责实施检查、问题认定、督促整改与责任追究,水利部指导流域管理机构、县级以上地方人民政府水行政主管部门开展农村供水工程监督检查。流域管理机构根据水利部授权开展农村供水工程监督检查。

906.农村供水工程监督检查主要包括哪些内容?

答:农村供水工程监督检查内容包括水源、取水工程、输配水工程、水厂等工程的建设、运行、安全、管理、维护等各个环节。

907.对农村供水工程监督检查发现的问题如何追究责任?

答:直接责任单位:①责令整改;②警示约谈;③通报批评;④相关法律法规、规章制度规定的责任追究。

直接责任人:①责令整改;②警示约谈;③通报批评;④对于通报问题拒不整改或一年连续被通报批评 2 次以上的,建议停职、调整岗位或解除劳动合同;⑤其他相关法律法规、制度规章规定的责任追究。

908.供水管网的常见故障有哪些?

答:①管道损坏:因冻胀土壤变形或外力机械破坏,造成管裂、接头渗漏水等不同形式的损坏;②爆管破坏:因水锤、温度应力、管材质量、施工质量等造成的爆裂破坏;③因管道或阀门、水表等发生堵塞而造成管道水压过低或不过水现象。

909.隐蔽管道发生漏水会有哪些特征表象?

答:①在管线上方或周边路面有积水或湿印痕迹,局部路面下陷,冬季局部路面积雪融化较早等;②部分区域水压突变或明显变低;③供水量与售水量差别较大,或者管网局部压力变低。

六 河道管理

910.什么是河道管理范围?

答:有堤防的河道,其管理范围为两岸堤防之间的水域、沙洲、滩地(包括可耕地)、行洪区,两岸堤防及护堤地。无堤防的河道为历史最高洪水位或设计洪水位之间水域。由县级以上人民政府负责划定。

911.河道管理范围内禁止哪些行为?

答:禁止在河道管理范围内建妨碍行洪建筑物、构筑物,倾倒垃圾、弃土、弃渣,从事影响河势稳定、危害河岸堤防安全和其他妨碍河道行洪安全的活动。禁止在行洪河道内种植阻碍行洪的林木和高秆作物。

912.河道管理范围内建设项目有哪些?

答:河道管理范围内建设项目包括河道管理范围内新建、扩建、改建的跨河、穿河、穿堤、临河的桥梁、渡槽、码头、造(修、拆)船项目、道路、渡口、管道、隧道、缆线、取水、排水、生态修复、景观、航道整治工程涉及的滩地、停泊区等工程及其他公共设施等。

913.什么是河道管理范围内建设项目防洪评价?作用是什么?

答:防洪评价是指通过分析、计算等方法,评价和论证涉河工程建设方案对河道规划、防洪安全、防汛抢险、河道行洪、河势、水利工程运行管理及第三者合法水事权益等方面的影响,并提出减轻和降低不利影响的措施和建议。

通过防洪评价,建设项目对水利工程安全及运行管理的影响能得到有效减轻或降低,能显著降低对防汛抢险的影响,使围垦河道、湖泊,乱建水工程等违章建设现象逐年减少,水利工程运行管理及河湖管理逐步规范有序,为国家经济建设和发展提供良好的水环境和有力的水利支撑。

914.什么是河道保护范围?

答:在河道管理范围以外划定一定距离的保护缓冲地带,该地带使用权不属于河道管理部门,但其土地用途不得影响河道安全,在此缓冲范围内规划工程建设需征得河道管理部门同意。

915.什么是河道确权划界？

答：划界是划定河道以及堤防的管理范围，确权是申领管理范围内土地使用权。河道管理划界的主要任务是划定河道管理范围，立桩明示界限，领取权证。

916.对河道管理范围内建设项目的审查主要有哪些内容？

答：(1)是否符合江河流域综合规划和有关的国土及区域发展规划，对规划实施有何影响。

(2)是否符合防洪标准和有关技术要求。

(3)对河势稳定、水流形态、水质、冲淤变化有无不利影响。

(4)是否妨碍行洪、降低河道泄洪能力。

(5)对堤防、护岸和其他水工程安全的影响。

(6)是否妨碍防汛抢险。

(7)建设项目防御洪涝的设防标准与措施是否得当。

(8)是否影响第三人合法的水事权益。

(9)是否符合其他有关规定和协议。

917.在河道上修建桥梁、码头等设施必须遵照哪些防洪要求？

答：按照防洪标准所确定的河宽进行修建，不得缩窄行洪通道。

918.利用河道堤顶或戗台兼作公路须经哪个部门审批？

答：具有该河道审批权限的河道主管机关。

919.跨河项目立项审批前须经哪个部门审查同意？

答：建设单位必须按照河道管理权限，将工程建设方案报送河道主管机关审查同意。未经河道主管机关审查同意的，建设单位不得开工建设。

920.对河道管理范围内违法违规行为应采取哪些处理措施？

答：县级以上地方人民政府河道主管机关除责令其纠正违法行为、采取补救措施外，可以并处警告、罚款、没收非法所得；对有关责任人员，由其所在单位或者上级主管机关给予行政处分；构成犯罪的，依法追究刑事责任。

921.河道管理范围内阻水障碍物清除的原则是什么？

答：河道管理范围内阻水障碍物清除的原则是“谁设障谁清除”。

922.河道采砂应符合哪些要求?

答:河道采砂应服从河道整治规划,确保防洪安全、河势稳定等要求。

923.河道采砂规划编制原则是什么?

答:河道采砂规划依照分级管理原则,实行分级规划制度,河道采砂规划按河道管理权限由相应的河道管理机构组织编制。

924.在河道管理范围内采砂须办理什么手续?

答:河道采砂是指在本行政辖区内的天然河道、湖泊、人工水道、行洪区、蓄滞洪区等河道管理范围内开采砂、石、土和淘金(含其他金属及非金属)的活动。在河道管理范围内采砂须办理采砂许可证。

925.哪些河段应禁止开山采石、采矿活动?

答:山区河道有山体滑坡、崩岸、泥石流等自然灾害的河段,河道主管机关应当会同地质、交通等部门加强监测。在上述河段,禁止从事开山采石、采矿等危及山体稳定的活动。

926.什么是河道"四乱"?

答:乱占、乱采、乱堆、乱建。

927.河长制的目标和主要工作任务是什么?

答:目标:为维护河湖健康生命、实现河湖功能永续利用提供制度保障。

主要任务:加强水资源保护,加强水域岸线管理保护,加强水污染防治,加强水环境治理,加强水生态修复,加强执法监管。

928.河长制体系怎样构成?

答:各省(自治区、直辖市)设立总河长,由党委或政府主要负责同志担任。

各省(自治区、直辖市)行政区域内主要河湖设立河长,由省级负责同志担任。

各河湖所在市、县、乡均分级分段设立河长,由同级负责同志担任。

县级及以上河长设置相应的河长制办公室,具体组成由各地根据实际确定。

929.河长制办公室主要职责是什么？

答：根据《河长制办公室工作规则(试行)》，河长制办公室主要职责是承担河湖长制组织实施的具体工作，履行组织、协调、分办、督办职责，落实总河长、河长、湖长确定的事项，当好总河长、河长、湖长的参谋助手。

930.推行河长制采取的重要举措有哪些？

答：强化红线约束，确保河湖资源永续利用、落实空间管控，构建科学合理岸线格局、实行联防联控，破解河湖水体污染难题、统筹城乡水域，建设水清岸绿美好环境、注重系统治理，永葆江河湖泊生机活力。

931.乡村级河湖长主要工作职责是什么？

答：对责任水域进行日常巡查，及时处理发现的问题。

932.影响河湖功能及形象面貌的主要问题有哪些？

答：乱占、乱采、乱堆、乱建等涉河湖违法违规问题。

933.开展河湖管理监督检查有哪几个环节？

答：按照查、认、改、罚四个环节开展，实行闭环管理。

934.建立河湖管护长效机制需要制定哪些日常管理制度？

答：建立河湖巡查、保洁、执法等日常管理制度，落实河湖管理保护责任主体、人员、设备和经费。

935.建立采砂管理联动机制需要哪些部门参与协同监管？

答：将河(湖)长制与采砂管理责任制有机结合，河长挂帅、水利部门牵头、有关部门协同、社会监督，形成河道采砂监管合力。

936.恢复河湖水域岸线生态功能需要对哪些方面的突出问题清理整顿？

答：对岸线乱占滥用、多占少用、占而不用等突出问题开展清理整治，严禁以各种名义侵占河道、围垦湖泊、非法采砂。

937.编制“一河一策”需要哪几个清单？

答：需要提出五个清单，即问题清单、目标清单、任务清单、措施清单、责任清单。

938.河长制考核内容主要有哪些方面？

答：主要是考核推行河长制的进展情况、六大任务落实情况、推行河长制的成效等，由于各地河湖面临的主要问题不同，需要各地根据实际情况制定具体的考核办法。

七 水土保持

939.生产建设活动造成水土流失应负哪些法律责任？

答：《中华人民共和国水土保持法》第四十八条规定：在崩塌、滑坡危险区或者泥石流易发区从事取土、挖砂、采石等可能造成水土流失的活动的，由县级以上地方人民政府水行政主管部门责令停止违法行为，没收违法所得，对个人处1 000元以上1万元以下的罚款，对单位处2万元以上20万元以下的罚款。

第四十九条规定：在禁止开垦坡度以上陡坡地开垦种植农作物，或者在禁止开垦、开发的植物保护带内开垦、开发的，由县级以上地方人民政府水行政主管部门责令停止违法行为，采取退耕、恢复植被等补救措施；按照开垦或者开发面积，可以对个人处每平方米2元以下的罚款、对单位处每平方米10元以下的罚款。

第五十一条规定：采集发菜，或者在水土流失重点预防区和重点治理区铲草皮、挖树蔸，滥挖虫草、甘草、麻黄等的，由县级以上地方人民政府水行政主管部门责令停止违法行为，采取补救措施，没收违法所得，并处违法所得1倍以上5倍以下的罚款；没有违法所得的，可以处5万元以下的罚款。

在草原地区有前款规定违法行为的，依照《中华人民共和国草原法》的有关规定处罚。

第五十二条规定：在林区采伐林木不依法采取防止水土流失措施的，由县级以上地方人民政府林业主管部门、水行政主管部门责令限期改正，采取补救措施；造成水土流失的，由水行政主管部门按照造成水土流失的面积处每平方米2元以上10元以下的罚款。

第五十三条第一款规定：依法应当编制水土保持方案的生产建设项目，未编制水土保持方案或者编制的水土保持方案未经批准而开工建设，由县级以上人民政府水行政主管部门责令停止违法行为，限期补

办手续；逾期不补办手续的，处 5 万元以上 50 万元以下的罚款；对生产建设单位直接负责的主管人员和其他直接责任人员依法给予处分。

第五十五条规定：在水土保持方案确定的专门存放地以外的区域倾倒砂、石、土、矸石、尾矿、废渣等，由县级以上地方人民政府水行政主管部门责令停止违法行为，限期清理，按照倾倒数量处每立方米 10 元以上 20 元以下的罚款；逾期仍不清理的，县级以上地方人民政府水行政主管部门可以指定有清理能力的单位代为清理，所需费用由违法行为人承担。

第五十六条规定：开办生产建设项目或者从事其他生产建设活动造成水土流失，不进行治理，由县级以上人民政府水行政主管部门责令限期治理；逾期仍不治理的，县级以上人民政府水行政主管部门可以指定有治理能力的单位代为治理，所需费用由违法行为人承担。

第五十八条规定：造成水土流失危害，依法承担民事责任；构成违反治安管理行为的，由公安机关依法给予治安管理处罚；构成犯罪的，依法追究刑事责任。

940.水土保持设施自主验收报备应当提交哪些资料？

答：编制水土保持方案报告书的生产建设项目，水土保持设施验收材料包括水土保持设施验收鉴定书、水土保持设施验收报告和水土保持监测总结报告；编制水土保持方案报告表的验收材料为水土保持设施验收鉴定书。

941.水土保持方案实施情况的跟踪检查主要有哪些方式？

答：跟踪检查应当采取遥感监管、现场检查、书面检查、“互联网+监管”相结合的方式，实现在建项目全覆盖。

942.生产建设项目开展水土保持施工监理的要求是什么？

答：凡主体工程开展监理工作的项目，应当按照水土保持监理标准和规范开展水土保持工程施工监理。其中，征占地面积在 20 hm^2 以上或者挖填土石方总量在 20 万 m^3 以上的项目，应当配备具有水土保持专业监理资格的工程师；征占地面积在 200 hm^2 以上或者挖填土石方总量在 200 万 m^3 以上的项目，应当由具有水土保持工程施工监理专业资质的单位承担监理任务。

943.生产建设项目水土保持设施验收的责任主体是谁?

答:生产建设单位。

944.生产建设项目水土保持设施验收程序是什么?

答:一般应当按照编制验收报告、组织竣工验收、公开验收情况、报备验收材料的程序开展。

编制水土保持方案报告书的生产建设项目,其生产建设单位应当组织第三方机构编制水土保持设施验收报告。水土保持设施验收报告结论为具备验收条件的,生产建设单位组织开展水土保持设施竣工验收,形成的水土保持设施验收鉴定书应当明确水土保持设施验收合格与否的结论。

编制水土保持方案报告表的生产建设项目,不需要编制水土保持设施验收报告。生产建设单位组织开展水土保持设施竣工验收时,验收组中应当有至少一名省级水行政主管部门水土保持方案专家库专家参加并签署意见,形成的水土保持设施验收鉴定书应当明确水土保持设施验收合格与否的结论。

945.水土保持设施验收出现哪几种情形被视为不合格?

答:未依法依规履行水土保持方案及重大变更的编报审批程序的;未依法依规开展水土保持监测的;未依法依规开展水土保持监理的;废弃土石渣未堆放在经批准的水土保持方案确定的专门存放地的;水土保持措施体系、等级和标准未按经批准的水土保持方案要求落实的;重要防护对象无安全稳定结论或者结论为不稳定的;水土保持分部工程和单位工程未经验收或者验收不合格的;水土保持设施验收报告、监测总结报告和监理总结报告等材料弄虚作假或者存在重大技术问题的;未依法依规缴纳水土保持补偿费的。

946.水土保持设施验收材料向哪个部门报备?

答:生产建设单位在水土保持设施验收通过3个月内应当向审批水土保持方案的水行政主管部门或者水土保持方案审批机关的同级水行政主管部门报备水土保持设施验收材料。

947.水土保持现场检查主要程序是什么?

答:印发检查通知;现场检查并查阅有关资料;听取生产建设单位

和其他参建单位情况介绍并问询；填写检查情况表，检查人员和被检查单位的有关人员共同签字确认；印发检查意见；对有限期整改任务的，对整改情况进行复核。

948.开展水土保持验收核查的期限是多长时间？

答：水行政主管部门应当在出具报备回执12个月内组织开展水土保持验收核查。

949.对生产建设单位的水土保持责任追究方式主要有哪几种？

答：主要包括约谈、通报批评、重点监管、信用惩戒和法律法规规定的其他责任追究方式。

950.生产建设项目水土保持监督检查主要包括哪几方面？

答：主要包括对水土保持方案实施情况的跟踪检查和对水土保持设施自主验收情况的核查。

951.免征水土保持补偿费包括哪几种情形？

答：水土保持补偿费是指在山区、丘陵区、风沙区以及水土保持规划确定的容易发生水土流失的其他区域开办生产建设项目或者从事其他生产建设活动，损坏了水土保持设施、地貌植被，不能恢复原有水土保持功能，应当向水行政部门缴纳的费用。

免征水土保持补偿费情形包括：①建设学校、幼儿园、医院、养老服务设施、孤儿院、福利院等公益性工程项目的；②农民依法利用农村集体土地新建、翻建自用住房的；③按照相关规划开展小型农田水利建设、田间土地整治建设和农村集中供水工程建设的；④建设保障性安居工程、市政生态环境保护基础设施项目的；⑤建设军事设施的；⑥按照水土保持规划开展水土流失治理活动的；⑦法律、行政法规和国务院规定免征水土保持补偿费的其他情形。

952.淤地坝管护范围内要禁止哪些活动？

答：淤地坝管护范围内禁止毁坏和盗窃放水建筑物、泄洪建筑物及其他工程设施；在坝体上取土、取石，在坝体、坝肩和最高洪水位以下沟道内建设，坝顶行驶超重机动车辆，以及其他损坏坝体的行为；坝体上不宜种植乔木；在工程管理范围内挖洞、放牧、毁坏护坡草皮等，在工程保护范围内打井、爆破、采石、破坏植被等；向库内倾倒弃石、废渣、垃圾和排放污水等。

953.淤地坝坝体日常维护应注意哪些问题?

答:淤地坝坝体日常维护应注意:及时处理坝体出现的各种问题,保持大坝设施的安全、完整及正常运用;严禁在坝面上修建渠道、堆放杂物、放牧、破坏护坡植被等;严禁在大坝管理和保护范围内进行爆破、打井、采石、采矿、挖沙、取土、修坟等危害大坝安全的活动。

954.淤地坝检查的主要内容有哪些?

答:淤地坝检查的主要内容有:坝体有无裂缝、塌坑、冲沟现象;坝体有无渗漏水,岸坡有无绕坝渗漏;坝趾有无管涌现象;排放水建筑物有无沉陷、断裂、渗漏、堵塞现象;当发生特大洪水时,对工程的薄弱部位、重要部位、易发生问题部位应进行特别检查。

955.淤地坝汛前检查包括哪些内容?

答:淤地坝汛前应检查工程规模、结构、设计标准和现有防洪能力,工程运行存在的主要问题,可能发生险情的类型及部位;淤地坝淹没范围及影响范围的位置、村庄居民点和重要工矿建筑设施的分布情况;防汛抢险,人员疏导撤离路线等。

956.什么是淤地坝防汛预案?

答:淤地坝防汛预案是为了有效应对汛期淤地坝存在的安全隐患和可能发生的险情、灾情,而制定的科学有效抢险、预警、避险方案和措施,最大限度减免洪水灾害和人员伤亡事故,保障淤地坝工程和人民生命财产安全。为了切实做好淤地坝防汛抢险工作,各淤地坝工程所在地乡镇人民政府必须于汛前编制完善淤地坝防汛预案。

957.什么是淤地坝防汛“三个责任人”?

答:淤地坝防汛三个责任人是指:行政责任人、技术责任人、巡查责任人。

行政责任人由工程所在地乡、镇级人民政府领导担任;技术责任人由县级水行政主管部门确定专业技术人员担任;巡查责任人由乡、镇级人民政府负责落实,一般由工程所在地村干部或村民担任。

958.对淤地坝安全运行存在问题责任追究类型有哪些?

答:对淤地坝安全运行存在问题责任追究包括对责任单位和责任

人实施责任追究两类。

对责任单位责任追究包括：①责令整改；②警示约谈；③通报批评（含向省级水行政主管部门、向省级人民政府分管负责同志、水利行业内通报）。水利行业内通报的责任追究，在“中国水利部网站”公示 3 个月。

对责任人责任追究包括：①责令整改；②警示约谈；③通报批评；④建议调离岗位或解除劳务合同；⑤建议降职或降级；⑥其他相关法律、法规、规章等规定的责任追究。

八 移民安置

959.什么是水库移民后期扶持？

答：根据《国务院关于完善大中型水库移民后期扶持政策的意见》（国发〔2006〕17 号），后期扶持是指对大中型水库农村移民搬迁安置后生产生活恢复给予的经济扶持，包括发放给移民个人的生产生活补助，以及为改善移民生产生活条件、拓宽就业渠道、发展生产等开展的项目扶持。扶持范围为大中型水库的农村移民。

960.水库移民后期扶持政策的目标是什么？

答：近期目标是解决水库移民的温饱问题以及库区和移民安置区基础设施薄弱的突出问题。中长期目标是加强库区和移民安置区基础设施建设与生态环境建设，改善移民生产生活条件，促进经济发展，增加移民收入，使移民生产生活水平不断提高，逐步达到当地农村平均水平。

961.中央对地方政府落实移民工作责任有哪些具体要求？

答：移民工作实行属地管理，省级人民政府对本地区移民工作和社会稳定负总责，地方各级人民政府主要负责同志是第一责任人，要有一位负责同志分管移民工作，实行一级抓一级，逐级落实责任，做到责任到位、工作到位。

962.水库移民后期扶持主要任务有哪些？

答：水库移民后期扶持主要任务有三项：①解决部分水库移民生产生活存在的突出困难；②改善部分库区和移民安置区基础设施薄弱的

问题;③促进库区和移民安置区经济社会长远发展。

963.水库移民后期扶持项目有哪些要求?

答:一是扶持项目原则上要在移民村组范围内;二是项目的确定要经大多数移民同意;三是资金的使用与管理要公开透明,接受移民监督,严禁截留挪用;四是项目要纳入水库移民后期扶持规划。

964.实施移民扶持政策要做到哪"三个兼顾"?

答:统筹兼顾水电和水利移民、新水库和老水库移民、中央水库和地方水库移民。

965.实施移民扶持项目应体现移民哪些权利?

答:应体现移民的知情权、参与权、表达权和监督权。

966.水库移民后期扶持的补助标准是多少?期限是多少年?

答:根据《国务院关于完善大中型水库移民后期扶持政策的意见》(国发〔2006〕17号),对纳入扶持范围的移民每人每年补助600元。对2006年6月30日前搬迁的纳入扶持范围的移民,自2006年7月1日起再扶持20年;对2006年7月1日以后搬迁的纳入扶持范围的移民,从其完成搬迁之日起扶持20年。

967.移民人口如何管理?

答:移民人口实行动态管理,每年进行一次年度核定。

有以下情形之一的,不再计入移民人口:

(1)已死亡的。

(2)财政供养人员、被国家机关和事业单位(含国有企业)招聘有固定工作、大中专院校学生毕业后有相对稳定收入来源的,现役军人(含武警)已提干或转为士官(三级)的。

(3)其他不应享受移民后期扶持政策的。

968.办理农村移民安置用地手续应依照哪些法规?

答:农村移民安置用地应当依照《中华人民共和国土地管理法》和《中华人民共和国农村土地承包法》办理有关手续。

969.大中型水库移民后期扶持人数如何确定?

答:根据《国务院关于完善大中型水库移民后期扶持政策的意见》(国发〔2006〕17号),对2006年6月30日前拆迁的大中型水库移民后

期扶持人数实行“一次核定，不再调整”政策。根据《新增大中型水库移民后期扶持人口核定登记办法》（水移民〔2022〕14号）规定，2006年7月1日后审批（核准）的大中型水库新增后期扶持人口，根据经批准的移民安置规划等相关文件，核定新增大中型水库农村移民后期扶持人口。

970.移民后期扶持“一个尽量，两个可以”指什么？

答：后期扶持资金能够直接发放给移民个人的应尽量发放到移民个人，用于移民生产生活补助；也可以实行项目扶持，用于解决移民村群众生产生活中存在的突出问题；还可以采取两者结合的方式。

971.移民人口核定登记有哪些依据？

答：①经批准的移民安置规划设计文件；②搬迁时登记在册的移民人口或工程验收文件等档案资料；③公安部门户籍登记资料；④其他具有法律效力的材料。

972.移民人口核定登记对象是什么？

答：人口核定登记对象为移民和移民配偶及其后代（含合法收养人），截至2006年6月30日前的现状农村人口。

973.纳入移民人口登记的特定人员有哪些？

答：①符合登记条件的户口临时转出的现役士兵；②符合登记条件的大中专院校在校学生；③返迁移民及后代。

974.不能核定登记的移民人口有哪些？

答：①已转为非农业户口的原迁移民及其后代；②原迁移民和移民后代出嫁或入赘到非移民户的后代；③为安置农村移民调出土地的人口；④水库淹没影响的城（集）镇、工矿企业、专项设施迁改建新址占地涉及的征地拆迁人口。

975.扶持资金直接发放给移民个人有哪些工作要求？

答：一是要将移民后期扶持人口身份核实到人，并张榜公布；二是要建立档案，设立账户；三是及时足额发放后期扶持资金。

976.移民扶持项目资金支出包括哪些方面？

答：①移民能够受益的生产开发项目；②农业生产设施建设；③交通、供电、供水、通信和社会事业等基础设施建设；④生态建设和环境保护；⑤移民劳动力就业技能培训和职业教育；⑥与移民生产生活密切相关的其他项目；⑦中央组织移民后期扶持政策实施管理工作经费。

977.移民后期扶持政策实施情况监测评估的内容有哪些？

答：移民后期扶持政策实施情况、移民后期扶持资金使用管理情况及移民后期扶持政策实施效果等方面。

978.大中型水库移民后期扶持政策监督检查有哪几种责任追究方式？

答：在大中型水库移民后期扶持政策监督检查时，有责令整改、警示约谈、通报批评三种责任追究方式。

水法律法规

第十三章　水法律法规

979.什么是水法律?

答:水法律是指由全国人大常委会审议通过的,以国家主席令形式发布的,规定涉水事务的法律。

980.目前我国有哪些水法律?

答:《中华人民共和国水法》《中华人民共和国防洪法》《中华人民共和国水土保持法》《中华人民共和国水污染防治法》《中华人民共和国黄河保护法》。

981.什么是水行政法规?

答:水行政法规是指由国务院常务会议审议通过的,以国务院令形式发布的,规定涉水事务的法律规范。

982.目前我国主要有哪些水行政法规?

答:《中华人民共和国河道管理条例》《中华人民共和国防汛条例》《中华人民共和国抗旱条例》《中华人民共和国水库大坝安全管理条例》《中华人民共和国水土保持法实施条例》《取水许可和水资源费征收管理条例》《中华人民共和国水文条例》《大中型水利水电工程建设征地补偿和移民安置条例》《地下水管理条例》《中华人民共和国城市供水条例》《农田水利条例》等。

983.什么是地方性水法规?

答:地方性水法规是指省、自治区、直辖市的人民代表大会及其常务委员会在不与宪法、法律、行政法规相抵触的前提下,根据本行政区域的具体情况和实际需要,按照法定程序制定的有关涉水事务的法律规范,以及较大的市的人民代表大会及其常务委员会在不与宪法、法律、行政法规和本省、自治区的地方性法规相抵触的前提下,或者按照全国人民代表大会的授权决定,根据本行政区域的具体情况和实际需要制定的,经省、自治区、直辖市的人民代表大会常务委员会批准的有关涉水事务的法律法规。

984.什么是水利部规章?

答:水利部规章是指由水利部根据法律和国务院行政法规、决定、命令,在本部门的权限范围内制定的,由部务会议审议通过的,以水利部令形式发布的有关涉水事务的法律规范。

985.什么是地方政府水规章?

答:地方政府水规章是指省、自治区、直辖市和较大的市的人民政府根据法律、行政法规和本省、自治区、直辖市的地方性法规,经政府常务会议或者全体会议决定的,以省、自治区、直辖市和较大的市人民政府令的形式发布的有关涉水事务的法律规范。

986.什么是水规范性文件?

答:水规范性文件是指各级人民政府及其水行政主管部门或者水行政主管部门联合其他部门依据法定职权和程序制定的,除上述水法律、水行政法规、地方性水法规、水规章以外的,对公民、法人或者其他组织能够反复适用的、具有普遍约束力的规范性文件。

水利应知应会1000问

智慧水务与水利新技术

第十四章　智慧水务与水利新技术

一　智慧水务

987.什么是智慧水务(水利)？

答：智慧水务(水利)是利用物联网、智能传感、云计算、大数据等技术，以“数字化、网络化、可视化、智能化”为主线，以资源整合共享和技术创新应用为抓手，对供水、排水、节水、污水处理等水务环节进行智慧化管理，通过结合传感器、通信网络、水务信息系统提高水务信息化、智能化水平，实现水务管理的协同化、水资源利用的高效化和水务服务的便捷化，提高水利部门的管理效率和社会服务水平，推动水利信息化建设，保证区域的防洪安全、供水安全及维系河流健康生态环境，逐步实现“信息技术标准化、信息采集自动化、信息传输网络化、信息管理集成化、业务处理智能化、政务办公电子化”。

988.智慧水务(水利)的核心是什么？

答：(1)更全面灵活的水利行业内物与物、物与人、人与人之间的互联互通和相互感知能力。

(2)更高效安全的水利信息处理和资源整合能力。

(3)更科学的水利监测、预警、分析、预测和决策能力。

(4)更高水平的水利设施远距离控制和智能化执行能力。

(5)更协调的水利业务跨部门、多层级、异地点合作能力。

989.智慧水务(水利)涉及的8项重点技术是什么？

答：(1)物联网技术。“物联网就是物物相连的互联网”。因此物联网的定义是通过射频识别、红外感应器、全球定位系统、激光扫描器等信息传感设备，按约定的协议，把任何物品与互联网相连接，进行信息交换和通信，以实现对物品的智能化识别、定位、跟踪、监控和管理的网络。

(2)云计算技术。云计算是分布式计算的一种,指的是通过网络"云"将巨大的数据计算处理程序分解成无数个小程序,然后,通过多部服务器组成的系统进行处理和分析这些小程序得到结果并返回给用户。

(3)人工智能技术。人工智能(AI)是用计算机模拟人类的智能活动,如判断、理解、学习、图像识别、问题求解等。它涉及计算机科学、信息论、仿生学、神经学和心理学等诸多学科。在人工智能中,最具代表性、应用最成功的两个领域是专家系统和机器人。

(4)大数据技术。大数据也称巨量数据集合,国务院《促进大数据发展行动纲要》(国发〔2015〕50号)指出:大数据是以容量大、类型多、存取速度快、应用价值高为主要特征的数据集合,正快速发展为对数量巨大、来源分散、格式多样的数据进行采集、存储和关联分析,从中发现新知识、创造新价值、提升新能力的新一代信息技术和服务业态。利用大数据和分析可以帮助水利行业提高工作效率、降低运行成本、做出更明智的业务决策等。

(5)移动互联网技术。是将移动通信和互联网二者结合起来成为一体,是互联网技术、平台、商业模式与移动通信技术结合并实践的活动的总称。5G时代的到来以及移动终端设备的发展将为移动互联网的发展注入新能量。水利行业已经开始理解和接受客户互动的优势。通过移动互联网技术,水利行业可以直接与QQ、微信、微博、APP、网站和智能手机建立双向通信,提高服务质量,提醒用户可能发生的洪涝灾害、旱情、雨情、水情、水质等情况。

(6)移动终端技术。是指可以在移动中使用的计算机设备,大多数情况指具有多种应用功能的智能手机以及平板电脑等设备。移动智能终端几乎是瞬间成为互联网业务的关键入口和主要创新平台,成为新型媒体、电子商务和信息服务的平台,成为互联网资源、移动网络资源与环境交互资源的最重要枢纽。

(7)信息安全技术。对于网络信息安全来说包括两个方面:一方面是物理安全,另一方面是逻辑安全。包含信息完整性、保密性以及可用性等。物理安全和逻辑安全都非常重要,因此在进行安全保护时必

须合理安排,同时顾全这两个方面。

(8)GIS 地理信息技术。又称为“资源与环境信息系统”,是一种特定的、十分重要的空间信息系统。它是在计算机硬件、软件系统支持下,对水利信息数据进行采集、储存、管理、运算、分析、显示和描述。

990.智慧水务(水利)顶层设计包括哪些内容?

答:①系统总体架构:按照既定目标设计系统总体架构,包括数据中心架构、通信网络架构、云平台架构;②数据标准定制与设计:数据采集与存储的标准制定,数据的收集应遵循有利的评估、分析、监测和挖掘原则,如压力、水量、电量、用户信息等;③接口标准定制与设计:制定了服务接口与各子系统之间的数据交换接口标准;④主数据规范设计:数据字典、用户信息、水表信息、设备信息等数据统一编码、数据存储等。

991.智慧水务(水利)工作的六大目标是什么?

答:智慧水利工作的六大目标是空间全域化、时间序列化、过程自动化、应用智能化、管理一体化、决策科学化。

992.什么是水利信息化?

答:充分利用现代信息技术,深入开发和广泛利用水利信息资源,促进信息交流和资源共享,实现各类水利信息及其处理的数字化、网络化、集成化、智能化,全面提升水利事业的效率和效能。

993.什么是水利数字化管理平台?

答:水利工程数字化管理平台是以水利管理为核心,通过数字化模型进行可视化展示和数据传承,应具有采集层、应用层、数据层、支撑层以及网络与硬件层等基本框架,同时包括基础数据库、空间数据库、业务数据库、水情数据库以及工程检查数据库等明确的数据库分类。相关部门通过有效地应用这种数字化平台,能够实现水利工程管理的流程化、信息化、标准化、数字化,能够使水利管理效率和质量得到有效的提升。

994.什么是数字孪生?

答:数字孪生是充分利用物理模型、传感器更新、运行历史等数据,集成多学科、多物理量、多尺度、多概率的仿真过程,在虚拟空间中完成映射,从而反映相对应的实体装备的全生命周期过程。数字孪生是一种超越现实的概念,可以被视为一个或多个重要的、彼此依赖的装备系统的数字映射系统。

995.数字孪生水利工程的含义是什么?

答:数字孪生水利工程指在数字空间虚拟再现真实水利工程的复杂系统,是数字孪生流域的重要组成部分。在数字孪生水利工程数据底板基础上,共享模型库、知识库成果,充分利用现有信息系统,发挥数字孪生水利工程的数字映射、智能模拟、前瞻预演作用,以工程安全为核心目标,建设工程安全智能分析预警、防洪兴利智能调度、生产运营管理、巡查管护、综合决策支持等业务应用,并结合实际需求持续扩展和升级完善。

996.什么是数字孪生流域?

答:数字孪生流域是通过综合运用全局流域特征感知、联结计算(通信技术、物联网与边缘计算)、云边协同技术、大数据及人工智能建模与仿真技术,实现平行于物理流域空间的未来数字虚拟流域孪生体。通过流域数字孪生体对物理流域空间进行描述、监测、预报、预警、预演、预案仿真,进而实现物理流域空间与数字虚拟流域空间交互映射、深度协同和融合。

997.什么是数字孪生灌区?

答:数字孪生灌区是以物理灌区为单元、以时空数据为底座、以数学模型为核心、以水利知识为驱动,对物理灌区全要素和建设运行全过程进行数字映射、智能模拟、前瞻预演,与物理灌区同步仿真运行、虚实交互、迭代优化,实现对物理灌区的实时监控、发现问题、优化调度的新型基础设施。数字孪生灌区建设包括信息化基础设施、数字孪生平台、业务应用平台、网络安全体系、运行维护体系等方面。从数字孪生灌区的定位看,重点是提升灌区用水管理的精准决策能力,建设重点是算据、算法和算力方面的协同提升。

二 新技术、新材料及水利发展趋势展望

998.什么是 BIM 技术?

答:BIM(Building Information Modeling)技术是对建筑工程物理特征和功能特性信息的数字化承载和可视化表达,通过创建并利用数字化模型,可对水利工程项目的前期决策、勘察设计、建设管理、运行维护过程进行更加直观有效的管理和优化,实现水利工程的可视化决策、虚拟化设计、协同化建设、透明化监管、精细化管理、科学化运营。

BIM 建筑信息模型技术是以 Autodesk Navisworks 软件为核心,通过对水利水电工程施工的相关特征,将工程数据转化成 3D 数据模型,帮助施工人员更加直观地看到工程项目出现的问题,将水利水电工程可视化仿真,动态把整个施工过程进行演示,能准确地使施工人员了解设计意图,掌握工程建设的信息,提高工程建设质量,加快工程建设进度。将 BIM 技术应用于施工过程中,可以有效地降低施工成本,提高工作效率和质量,这是未来工程建设的普及应用和主推方向。

999.什么是大型构件与设备整体安装技术?

答:大型设备整体安装技术(整体提升吊装技术)是建筑业 10 项新技术之一,其主要单项技术有:①直立双桅杆滑移法吊装大型设备技术;②龙门(A 字)桅杆扳立大型设备(构件)技术;③无锚点推吊大型设备技术;④集群液压千斤顶整体提升(滑移)大型设备与构件技术。

1000.新型模板运用技术主要包括哪些?

答:新型模板运用技术主要包括清水混凝土模板技术、早拆模板成套技术、液压自动爬模技术等。

1001.什么是高性能高强度混凝土技术?

答:高性能混凝土是一种易于浇注、捣实、不离析,能长期保持高强、韧性与体积稳定性,在严酷环境下使用寿命长的混凝土。

1002.常用的深基坑支护技术有哪些?

答:常用的深基坑支护技术有钢板桩支护技术、排桩支护技术、深层搅拌桩支护技术、咬合桩技术等。

1003.碳纤维复合材料在水利行业有哪些应用?

答:碳纤维是由有机纤维经过一系列热处理转化而成,含碳量高于90%的无机高性能纤维。是一种力学性能优异的新材料,具有碳材料的固有本性特征,又兼备纺织纤维的柔软可加工性,是新一代增强纤维。依托该技术可对水利工程混凝土进行修复,保证混凝土结构的整体性,提升结构整体防水能力。

1004.PVC-M 和 PVC-O 各是什么管材?

答:PVC-M 是 PVC(聚氯乙烯)类管材的改性产品。较之 PVC-U(非塑性 PVC)具有高爆裂强度、较高抗冲击强度、抗低温性能出色、重量轻、糙率低等出色的水力性能、出色的抗水击和抗疲劳性能等优越性。

PVC-O(双轴取向聚氯乙烯)是 PVC 管的最新工艺产品,是通过特殊的取向加工工艺制造的管材,将 PVC-U 管材进行轴向拉伸和径向拉伸,使管材中的 PVC 长链分子在双轴向规整排列,获得高强度、高韧性、高抗冲、抗疲劳的新型 PVC 管材。

1005.什么是 3PE 涂塑防腐钢管?

答:3PE 涂塑防腐钢管是指 3 层结构聚乙烯涂层(MAPEC)外防腐钢管,是国内常用的一种防腐管道。3PE 防腐涂层综合了环氧树脂和聚乙烯材料的高抗渗性、机械性能高等特点。目前是全球公认的使用效果和性能较好的管道防腐涂层。

1006.什么是球墨铸铁管?

答:球墨铸铁管是指使用 18 号以上的铸造铁水经添加球化剂后,经过离心球墨铸铁机高速离心铸造成的管材,简称为球管、球铁管和球墨铸管等。

1007.什么是绿化混凝土?

答:绿化混凝土就是在废渣和碎石中加入高分子材料,然后用泥土和肥料填进空隙中,最后将绿色植物种植在混凝土小孔中。这样制成的绿化混凝土通过植物可以形成坚固的防护系统。

1008.什么是防水混凝土结构?

答:防水混凝土结构是具有一定防水能力的整体式混凝土或钢筋

混凝土结构，具有承载和抗渗功能，还具有一定的抗冻融和抗侵蚀能力。

1009.什么是复合式衬砌防水结构？

答：复合式衬砌指的是分内外两层先后施工的隧道衬砌。在坑道开挖后，先及时对与围岩密贴的外层进行柔性支护（一般为喷锚支护），也称初期支护，容许围岩产生一定的变形，而又不至于造成松动压力的过度变形。待围岩变形基本稳定以后再进行内层衬砌，也称二次支护。两层衬砌之间，根据需要设置防水层，也可用防水混凝土做内层衬砌而不做防水层。

1010.什么是石墨烯？在水处理中的应用如何？

答：石墨烯（Graphene）是碳原子紧密堆积成单层二维蜂窝状晶格结构的新材料，具有优异的光学、电学、力学特性，在材料学、微纳加工、能源、生物医学和药物传递等方面具有重要的应用前景，被认为是一种未来革命性的材料。

石墨烯因其独有的化学结构，具有优异的物理和化学性质，也因为单原子层结构和高硬度使得其拥有多种用途。目前，石墨烯膜的研究取得了一些初步进展：①石墨烯膜的制备方面，如大面积石墨烯膜、石墨烯复合膜的制备，石墨烯膜上可控地得到一定尺寸的孔道等；②石墨烯膜性能方面，包括膜的质量、硬度、强度等；③石墨烯膜应用方面，主要利用了石墨烯表面积大和机械性能好的特点，实现对有机染料等有机物和无机盐的去除，研究结果初步表明了石墨烯在水处理中具有广泛的应用前景。

1011.未来水利发展的十大趋势是什么？

答：水利作为国民经济体系的组成部分，在我国具有特殊而重要的地位，发挥着防洪保安全、支撑经济社会发展、维护自然生态健康的基础性作用。为适应国家治理体系和治理能力的不断现代化，未来较长时期，水利事业发展的总量和结构也必将进行调整、优化和完善。及时、准确认识这一发展趋势，具有重要的前瞻性意义。未来水利发展有以下十大趋势值得关注：

(1)城乡水务一体化。

城市化导致人口密集居住,城市边界迅猛扩大,城市原有水源短缺,地理位置上的农村水库城市化等现象出现,新进的城市人口必然逐步享受到城市自来水的红利。而原有管理农村水源的水利部门,将会实现从管理农村农业水源过渡到管理城市水源,从而逐步将城市与农村供用水链条实现完整闭环,最终达到城乡水务建设和管理的城乡一体化。

(2)高档居住小镇高品质供水系统建设将成为新格局。

在我国,由于长期历史原因和传统生产生活方式造成的对大城市的向往,向大城市甚至特大城市的迁移集聚具有根深蒂固的大众倾向,因此快速城市化进程特点之一就是集聚化程度高。但近年来不难发现,与"从小到大,从分散到集中"的城市化方向相反,从大城市向小城镇的转移,特色小镇的"逆城市化"也在悄然成为一种新现象。

从欧美国家的发展经验来看,未来我国也将形成"大城市+小城镇+特色小村"的特色居住格局。而这些高品质小城镇和特色小村对骨干水网也要求高档化、方便化,从而对供水保障体系的建设要求越来越高,污水的处理标准甚至可能高于城市。而卫星城镇的特征与城市大型水网有所不同,需要避免长距离供水过程中的污染,热水供应、水质以及排水环境美化等,对水利工程的建设提出更高的标准要求。未来卫星城、骨干供水网沿线居住地、小城镇中小型供排水设施(含污水处理)建管体系建设,将越来越值得重视和研究。

(3)供水和排水统筹发展。

供水和排水都是水资源在大自然界和人类社会完整循环链条中两个必不可少的环节。长期以来,供水在供排水系统中占有核心地位,在供水已经得到基本保障的条件下,随着人们生活条件的不断改善,对周边居住环境要求也越来越高,因而排水设施和管理也越来越重要。由于城市和农村的空间布局和人口聚集度明显不同,城市排水与农村排水的要求和标准差异较大。目前,农村排水是在统筹考虑农村水系和农村环境的协调性基础上,向小区域化、生态化和自净化方向发展,逐步建立适应性的排水管网系统。而城市则逐步地向综合防洪、排水、通

信、电力等城市综合性管廊方向发展,现有城市排水设施提升改造空间巨大。未来城市和乡村排水系统投资规模将继续增加,改造维护费用也将持续处于高位。

(4)提升防洪设施体系综合能力。

每年汛期,经常发生局部性的洪涝灾害及大范围的超强台风,随着地球气候变化加剧,极端气候时有发生,对防洪设施的要求越来越高,防洪体系的完善至关重要。完善的防洪体系不是单纯地修建堤防、水利枢纽和排水泵站等工程,而是既要有传统的基础设施,还要有调水工程体系,更要有高效的管理信息系统。简单来说,就是在现有基础上不断地升级、优化、提升防洪体系能力,提高综合防洪水平,是未来防洪工作的重要方向。

(5)河湖环境的优美宜居建设任重道远。

河湖是水资源的主要载体,具有自净化、引导水流、保护环境、滋润土地、弥补地下水等一系列功能,在大自然生态系统中具有独特的作用,是自然界和人类社会维持运转的最主要的要素之一。近年来,河湖在提供基本水源基础上,其环境功能越来越受到人们的重视,河湖环境独有的自然生态、蜿蜒曲折、滋养森林、调节气候等方面特点,都使得河湖周边土地环境更适宜人类生存和发展。“绿水青山就是金山银山”,河湖环境扮演着“绿水”的重要角色,是提升人们高质量生活水平不可或缺的自然环境资源,河湖环境的改善和保持将是我国在新的历史发展阶段及以后长期发展的重要需求。与发达国家相比、与实现中国梦相比、与不断追求幸福美好生活愿景相比,我国河湖环境的改善、维护和提高仍然存在巨大差距。河湖环境的改善包括河内水量充足、水质安全、岸线的亲水程度、植被以及主要动植物的完整性、流域内水环境的改善等,特别是针对我国地形复杂、地貌多样等特性,优美宜居的理想河湖环境建设任重而道远。

(6)强化水资源监管将成为一种常态。

按照水利改革发展总基调的要求,强监管将是未来水利部门的核心工作之一,强化水资源监管是其中的重要内容。具体而言,政府监管将扩大到对水资源开发、利用、节约、保护等全过程,对用水的社会监管也将加强。现阶段很多水利工程实施企业化管理,部分项目采取了PPP模式,部分工程通过政府购买服务的方式委托社会企业承担运营维护工作,政府必将对供水服务、工程养护、水价、水质监测、弱势群体用水保障和污水达标排放等进行更加严格的监督,企业将面临更加严格的监管环境。

(7)水价改革势在必行。

长期以来,众多供水工程基本处于亏损运营的局面,主要原因就是未能基于水资源稀缺性而实现供需定价机制,尤其是在农业灌溉领域和农村生活领域更是如此。尽管水价改革推行已经很多年,但仍然举步维艰,其困难主要有三个方面:一是农业灌溉方式落后、水耗过大,传输成本高,成本主要由工程管理单位承担,农民用水户无承担能力,这是根本原因。在农业灌溉领域仅通过市场机制调节是行不通的,存在明显的市场失灵,如果强制按照市场机制来进行定价,必然以损失农业发展为代价,这显然与国家安全战略相违背。二是用水结构中的生活和工业用水所占比例过小,导致此部分收益无法弥补农业用水收益的损失。通过以工补农、用生活供水收益来补偿农业供水收益不足,尽管能实现一部分,但补贴无法覆盖亏空。三是水价调节机制的社会意识仍然没有形成,水价逐步提升的压力来自多个方面,水价的提升还需要长期的引导。从未来发展趋势看,我国的农业生产结构正在发生变化,规模化的集中连片经营逐步出现、经济作物比例不断扩大等给农业灌溉水价提升提供了基础。城镇化的快速推进、大量农民的城市化转移导致生活用水所占比例不断扩大,都将有利于用水支付能力的提升,而且随着我国供水质量的提高,对水资源稀缺性认识也不断提高,以及基层供水单位可持续运行的压力,必将推动水价改革步伐的增速。

(8)水资源供给的结构不平衡现象将长期存在。

我国近年来全社会用水总量相对稳定,保持在6 000亿~6 300亿m^3,基本满足了我国经济社会发展的用水需求。但应当看到,在总量平衡的情况下仍存在结构内部时空失衡现象。一是年际和年内之间变化波动较大,局部地区和部分时期发生的干旱缺水现象时有发生。二是大量用水导致大量的污水排放,一方面河湖自我净化能力不足,另一

方面人工净化成本高昂，污染治理任重道远。三是地区发展与水资源分布之间的不平衡进一步加剧水资源供需失衡，目前来看，无论是南水北调，还是地方跨流域调水工程，供需不平衡问题长期存在，因此调水工程及其管理体系的建设将是一项长期任务。

(9)以综合性项目立项将成为水利建设的一种重要选择。

项目是投资建设管理的“基本单元”，是国家投资管理的最小元素。一般项目立项、建设和运行是按照行业以及行业内部不同性质进行分类管理，这种做法对于技术提升、效率提高、国民经济分工等方面都有着重要的意义。但应当看到，分工细化是相对而言，不可能“归大拢”，也不可能无限细分成“头发丝”，粗细的划分标准要与当时的技术水平、管理队伍素质、项目数量和规模等紧密联系。当前，我国已经初步建立了水利基础设施体系，单一性质的水利工程项目越来越细化，造成众多单个项目规模很小，但项目立项的前期工作仍然复杂，尽管目前国家大力推进简政放权，使得一些立项环节得到了归并、简化，但立项周期依然较长，变更和概算调整的程序也存在同样的问题，因此如何合理设置项目规模以提升立项速度和管理效率，已经成为各级单位的共识。此外，山水林田湖草是相互联系的整体，适合综合治理，也有很多项目本身就具有综合性特点，拥有多种用途，如水库大坝坝顶也是交通要道，水库成了湖泊，很多项目覆盖水资源的全产业链环节合并开展、统一经营等。而且从项目的投入产出来看，单一公益性项目在经济上可行性较差，通过综合性项目立项的方式也能提升项目吸引力。因此，当前各地综合性、混合型项目正在不断增多，这种趋势对于立项、建设以及管理都提出了新的挑战。

(10)企业化管理将成为水利工程运行管理的主流。

新中国成立 70 多年来，通过大规模水利基础设施建设，我国水利工程规模和数量跃居世界前列，基本建成较为完善的江河防洪、农田灌溉、城乡供水等工程体系。随着工程数量的不断增多，逐步建立了相应的工程管理技术规范，锻炼了大量的管理技术人才，这为我国水利工程维修养护和运营提供了丰富的经验。随着政府职责职能的转变，市场催生了包括水投公司在内的各种运营管理公司，政府通过委托管理、实施政府购买服务的方式,将水利工程交由企业管理日益成为一种趋势。这种做法大幅降低了行政事业单位的资金和人员管理压力,同时能更好发挥专业团队的技术和经验优势,正所谓“专业的事交给专业的人做”,提升了管理效益和效率。目前,水利工程物业化标准化管理的方式正在全国逐步推行。在这一过程中,专业管理公司在水利工程经营性、公益性、安全性、可靠性等方面需要找到平衡点,而如何推动政府与企业在这方面达成共识,同时建立高效、低成本和安全的模式将是今后需要面对的重点问题。

参考文献

[1] 王大纯,张人权,史毅虹,等.水文地质学基础[M].北京:地质出版社 ,1986.

[2] 区永和,陈爱光,王恒纯.水文地质学概论[M].武汉:中国地质大学出版社,1988.

[3] 乐昌硕.岩石学[M].北京:地质出版社,1984.

[4] 朱志澄,徐开礼.构造地质学[M].北京:地质出版社,1984.

[5] 胡广韬,杨文元.工程地质学[M].北京:地质出版社,1984.

[6] 张英,李宪文.防汛手册[M].北京:中国科学技术出版社,1992.

[7] 罗庆君.防汛抢险技术[M].郑州:黄河水利出版社,2000.

[8] 村镇供水工程技术规范:SL 310—2019[S].

[9] 简明水利词典[M].太原:山西省水利学会普及工作委员会,1983.

[10] 武汉水利电力学院.农田水利学[M].北京:水利出版社,1980.

[11] 扬州水利学校.抽水机与抽水站[M].北京:水利电力出版社,1979.

[12] 董安建,李现社.水工设计手册:第九卷灌溉排水[M].2 版.北京:中国水利水电出版社,2014.

[13] 华东水利学院,天津大学,清华大学.水文及水利水电规划[M].北京:水利出版社,1981.

[14] 李国芳,夏自强.节水技术及管理[M].北京:中国水利水电出版社,2011.

[15] 王汉祯.节水型社会建设概论[M].北京:中国水利水电出版社,2007.

[16] 全国勘察设计注册工程师水利水电工程专业管理委员会,中国水利水电勘测设计协会.水利水电工程专业知识(2013 年版)[M].郑州:黄河水利出版社,2013.

[17] 全国勘察设计注册工程师水利水电工程专业管理委员会,中国水利水电勘测设计协会.注册土木工程师(水利水电工程)执业资格专业考试必备技术标准汇编[M].郑州:黄河水利出版社,2007.

[18] 全国勘察设计注册工程师水利水电工程专业管理委员会,中国水利水电勘测设计协会.注册土木工程师(水利水电工程)执业资格专业考试必备技术标准汇编(增补本)[M].郑州:黄河水利出版社,2009.

[19] 水利工程建设标准强制性条文编制组.水利工程建设标准强制性条文(2020

年版)[S].北京:中国水利水电出版社,2020.
[20] 水电水利规划设计总院 .水工设计手册[M].2 版.北京:中国水利水电出版社,2011.
[21] 水利部建设与管理司.水利水电工程单元工程施工质量验收评定表及填表说明[M].北京:中国水利水电出版社,2016.

编后记

通过一年的辛勤耕耘,《水利应知应会 1000 问》终于出版了,这是水利人才优势转化为工作强势之举,更是水利人才队伍建设之幸,对促进运城市水利事业发展将产生深远影响。

本书是在运城市水务局党组的安排下,在运城市水利专家委员会主任委员相保成同志的悉心指导下,由运城市水务局专家办牵头组成编纂委员会,采取分工协作的办法组织编纂的。

本书编纂分工如下:南阳红编纂第一章,张念龙编纂第二章,程立虎编纂第三章,孙新忠编纂第四章、第五章,张引栓编纂第六章、第十二章、第十三章,王红海编纂第七章、第八章,陈向阳编纂第九章、第十章、第十一章、第十四章。侯会玲负责资料征集,召集编纂会议,统筹编纂事宜;赵晓翠、柴梦滢、张少华参与书稿整理。

本书在编纂过程中得到运城市水务局规计科、基建科、管理科、水利资源科、河湖务管理中心、水利发展中心、质监站、水旱灾害防御中心、水资源服务中心、农村水利水电服务中心等的大力支持,以及山西泵站现场测试中心原野同志的积极帮助;王俊武同志对书稿提出审查修改意见,在此一并表示感谢!

书到用时方恨少,事非经过不知难。由于经验不足,水平有限,本书在结构、章目、选题、答案等方面难免有不尽如人意之处,希望各界专家、学者多提宝贵意见,以便及时修改完善。

本书编委会

2023 年 5 月